# 全彩图解

# 电子元器件+变频电路

# 检测与维修

张　军
许　净
王红明

编著

化学工业出版社

·北京·

## 内容简介

本书采用全彩图解的方式，由浅入深地讲解了变频器、伺服驱动器等设备中的变频电路的运行原理、易坏芯片元件、故障检测点、故障检测流程图，以及快速诊断变频电路故障和故障维修实战案例等内容。此外，还总结了电路图读图实战、芯片级维修工具使用实战、电路板元器件好坏检测实战、变频电路维修方法和加电经验等知识。

本书以学会维修变频电路常见故障为目的，采用了大量维修实战图，并结合对应的电路图讲解，能够使学习者更易理解和掌握变频电路板的故障维修技巧。

本书适合从事工控设备维修和电气设备维修的技术人员、企业高级电工阅读学习，也可用作职业院校或培训学校的教材及参考书。

**图书在版编目（CIP）数据**

全彩图解电子元器件＋变频电路检测与维修 / 张军，许净，王红明编著 . -- 北京：化学工业出版社，2025. 8（2026. 1重印）. -- ISBN 978-7-122-48357-7

Ⅰ. TN606-64；TN773-64

中国国家版本馆 CIP 数据核字第 2025VH6518 号

| 责任编辑：耍利娜 | 文字编辑：赵子杰　李亚楠　温潇潇 |
| 责任校对：宋　夏 | 装帧设计：王晓宇 |

出版发行：化学工业出版社
　　　　　（北京市东城区青年湖南街13号　邮政编码100011）
印　　装：北京瑞禾彩色印刷有限公司
710mm×1000mm　1/16　印张13¼　字数261千字
2026年1月北京第1版第3次印刷

购书咨询：010-64518888　　　售后服务：010-64518899
网　　址：http://www.cip.com.cn

定　　价：79.00元　　　　　　　　版权所有　违者必究

## 一、为什么写这本书

在我们的工作生活中，变频设备使用越来越广泛，常见的变频设备有楼宇电梯及工厂使用的变频器、伺服器等。在这些设备中，变频电路的故障率最高，占所有故障的很大一部分。因此掌握变频电路的维修方法，就可以轻松维修好大多数的故障设备。

由于变频电路原理比较复杂，维修时又没有合适的电路图供参考，这就需要掌握"无图"维修的技巧。

怎样才能成为真正的变频设备维修工程师呢？通常需要先掌握变频电路维修所要用到工具仪器的使用技巧，掌握变频电路中基本元器件的好坏检测技术；接下来要学习变频电路中的各单元电路的结构和工作原理，掌握各单元电路的基本运行电压，为维修时排查故障打基础；最后掌握变频电路的维修流程图，明确故障检测点，学习快速诊断故障的技巧和维修实战案例，总结一些实战维修经验。本书详细归纳总结了这些维修实战知识，读者只要认真学习就可以掌握变频电路的维修技能，这就是本书写作的目的。

本书强调动手能力和实用技能的培养，手把手地教你测量关键电路，同时结合大量实战案例，总结了变频电路中主要元器件的检测方法、实战维修经验，使读者快速掌握变频设备维修检测技术，提高实战维修能力。

## 二、全书主要内容

本书共 7 章，第 1 章主要讲解电路图的读图实战，第 2 章重点讲解各种设备变频电路的运行原理，第 3 ～ 5 章重点讲解芯片级维修工具使用实战、电路板元器件好坏检测实战、变频电路维修方法和加电经验等内容，第 6、7 章主要讲解变频器、伺服驱动器等变频设备中变频电路的易坏芯片元件总结、故障检测点、故障检测流程图、快速诊断变频电路故障的方法及故障维修实战案例等内容。

### 三、本书特点

**1. 全程图解，图文并茂**

本书采用全程图解的方式，图文并茂，手把手地教你测量电路板中各个芯片电路。让你边看边学，快速成为一个维修高手。

**2. 内容全面，知识系统**

本书不但讲解了维修工具的使用实战、芯片元件好坏检测实战、电路图读图实战等维修基本功，还讲解了变频电路的结构和运行原理，最重要的是详细归纳总结了变频器、伺服驱动器的故障检测流程图、故障测试点、故障快速诊断维修技巧、故障维修实战案例等内容。

**3. 实操丰富，实战性强**

本书以维修实战为主线，配有大量的实战操作内容。不但在维修基本功方面采用实战讲法，而且在变频电路板维修方面也全部采用实战讲法，帮助读者积累维修经验。

由于作者水平有限，书中难免有疏漏之处，恳请读者朋友提出宝贵意见和真诚的批评。

编著者

扫码看视频

# 目录

第4章　电路板元器件
好坏检测实战

第7章　**伺服驱动器中变频电路芯片级维修实战**

# 第 1 章

# 电路图读图实战

看懂电路原理图，并且能在实际工作中灵活运用，是成为一个专业维修员的基本要求。本章将重点讲解如何看懂复杂的电路原理图。

## 1.1 电路图读图基础

用各种图形符号表示电阻器、电容器、开关、集成电路等元器件，用线条把元器件和单元电路按工作原理的关系连接起来，就形成了电路图。

日常维修中经常用到的电路图主要是电路原理图，电路原理图是用来体现电子电路的工作原理的一种电路图。电路原理图用符号代表各种电子元器件，还给出了每个元器件的具体参数，为检测和更换元器件提供依据。另外，它给出了产品的电路结构、各单元电路的具体形式和连接方式。

### 1.1.1 电路图的组成

电路图主要由元器件符号、连线、结点、注释四大部分组成。如图 1-1 所示。

① 元器件符号表示实际电路中的元器件，它一般表示出了元器件的特点，而且引脚的数目都和实际元器件保持一致。

② 连线表示的是实际电路中的导线，并不一定都是线形的，也可以是一定形状的铜膜，比如收音机原理图中的许多连线。还要注意，在电路原理图中，总线的画法经常是采用一条粗线，在这条粗线上再分支出若干支线连到各处。

③ 结点表示几个元器件引脚或几条导线之间的连接关系。不可避免地，在电路中肯定会有交叉的现象，为了区别交叉相连和不连接，一般在电路图制作时，给相连的交叉点加实心圆点表示，不相连的交叉点不加实心圆点或绕半圆表示，也有个别的电路图是用空心圆来表示不相连的。

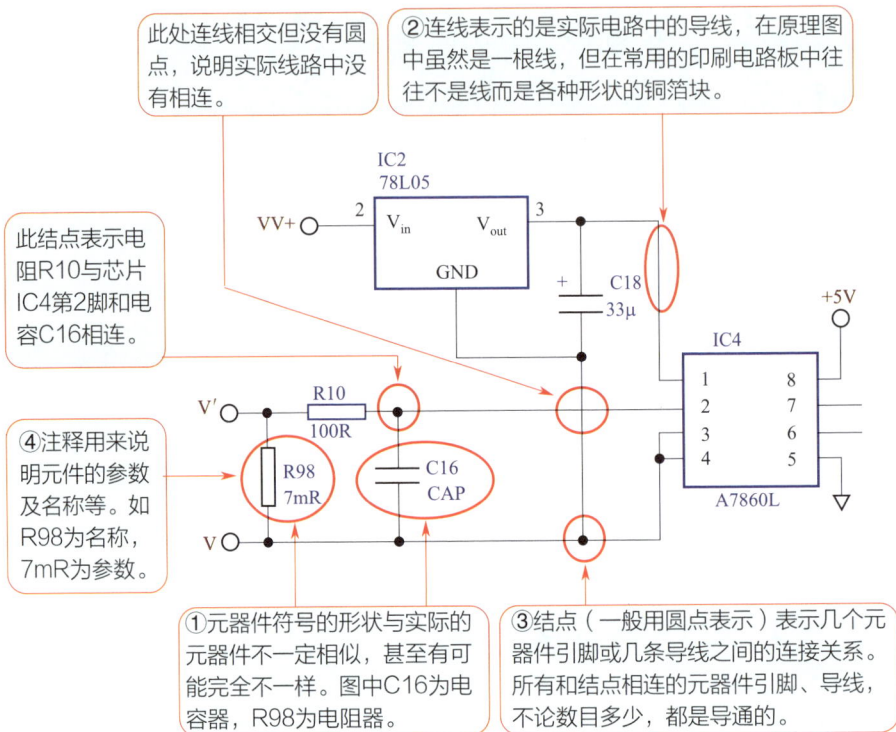

此处连线相交但没有圆点，说明实际线路中没有相连。

②连线表示的是实际电路中的导线，在原理图中虽然是一根线，但在常用的印刷电路板中往往不是线而是各种形状的铜箔块。

此结点表示电阻R10与芯片IC4第2脚和电容C16相连。

④注释用来说明元件的参数及名称等。如R98为名称，7mR为参数。

①元器件符号的形状与实际的元器件不一定相似，甚至有可能完全不一样。图中C16为电容器，R98为电阻器。

③结点（一般用圆点表示）表示几个元器件引脚或几条导线之间的连接关系。所有和结点相连的元器件引脚、导线，不论数目多少，都是导通的。

图 1-1　电路图组成元素

④ 注释在电路图中是十分重要的，电路图中所有的文字都可以归入注释一类。细看图 1-1 就会发现，在电路图的各个地方都有注释存在，它们被用来说明元器件的名称、型号、参数等。

### 1.1.2　在电路图中查询故障元器件实战

在维修电路时，当根据故障现象发现电路板上的疑似故障元器件后（如有元器件发热较严重或外观有明显故障现象），接下来需要进一步了解元器件的功能，这时通常需要先查到元器件的编号，然后根据元器件的编号，结合电路原理图了解元器件的功能和作用，进一步确认具体故障元器件。

具体查询方法如下。

① 找出电路板中疑似故障元器件，并记下电路板上元器件的文字标号（如图中的 N9）。如图 1-2 所示。

② 打开电路原理图的 PDF 文件，在搜索栏中输入元器件的文字标号（N9），搜索元器件的电路图。如图 1-3 所示。

③ 软件会自动跳到搜到的页面，可以看到 N9 元器件的电路原理图。根据该元器件周围线路标识，如图中标有 SYSTEM EEPROM 和 SYSTEM_EEPROM_

WP，可判断此芯片是负责存储的，是一个存储系统程序的芯片。如图 1-4 所示。

查看电路板中故障元器件的文字标号

图 1-2 查看电路板中故障元器件的文字标号

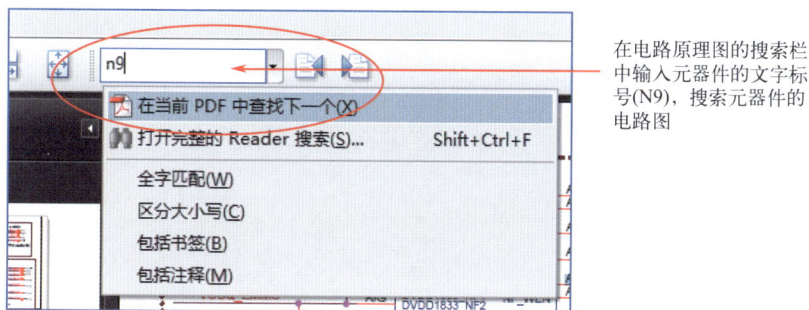

在电路原理图的搜索栏中输入元器件的文字标号(N9)，搜索元器件的电路图

图 1-3 搜索元器件的电路图

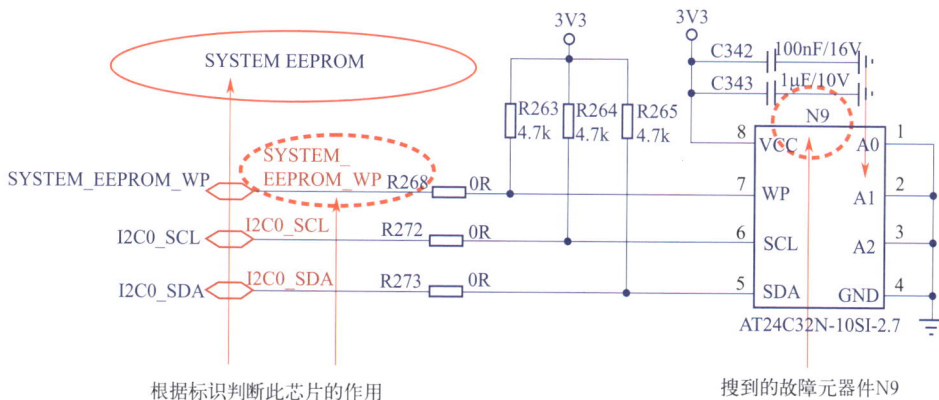

根据标识判断此芯片的作用

搜到的故障元器件N9

图 1-4 查询故障元器件功能

### 1.1.3 根据电路原理图查找单元电路元器件实战

根据电路原理图找到故障相关电路元器件的编号（如无法开机，就查找电源电

路的相关元器件），然后再在电路板上找相应元器件进行检测，方法如下。

① 根据电路原理图的目录页（一般在第 1 页）查找相关电路的关键词。如供电电路就查找 SYSTEM POWER，对应的页数为 14 页。如图 1-5 所示。

| 9 | 11 | SOC:OWL |
|---|----|---------|
| 10 | 12 | SOC:POWER (1/3) |
| 11 | 13 | SOC:POWER (2/3) |
| 12 | 15 | SOC:POWER (3/3) |
| 13 | 20 | NAND |
| 14 | 21 | SYSTEM POWER:PMU (1/3) |
| 15 | 22 | SYSTEM POWER:PMU (2/3) |
| 16 | 23 | SYSTEM POWER:PMU (3/3) |
| 17 | 24 | SYSTEM POWER:CHARGER |
| 18 | 30 | SYSTEM POWER:BATTERY CONN |
| 19 | 31 | SENSORS:MOTION SENSORS |

要查找的供电电路

图 1-5　查找相关电路

② 打开第 14 页，可以看到电源有关的电路。N89 为电源管理芯片的标号，TPS562200 为管理芯片的型号。然后在电路板中找电源电路中的元器件进行检测查找故障。如图 1-6 所示。

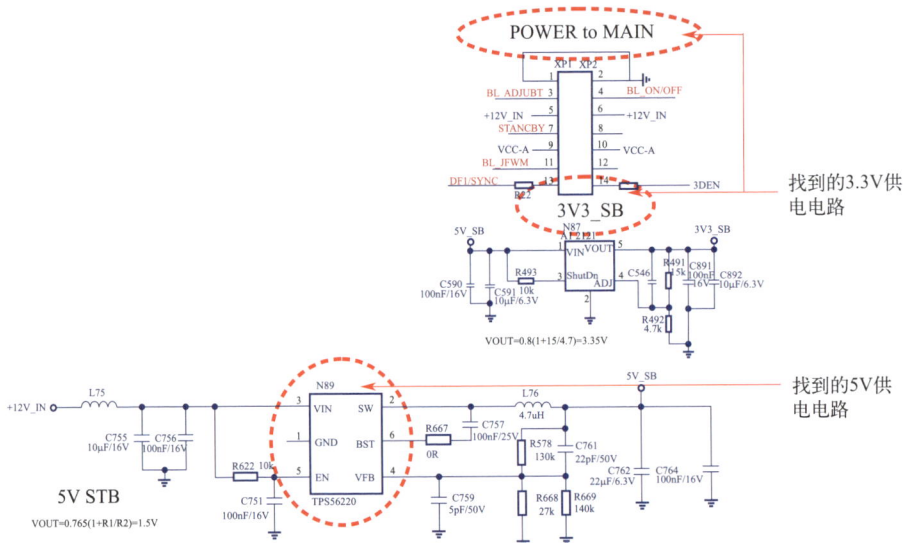

图 1-6　查找相关电路

## 1.2　看懂电路原理图中的各种标识

要读懂电路原理图，首先应建立图形符号与电气设备或部件的对应关系，以及明确文字标识的含义，才能了解电路图所表达的功能、连接关系等。如图 1-7 所示。

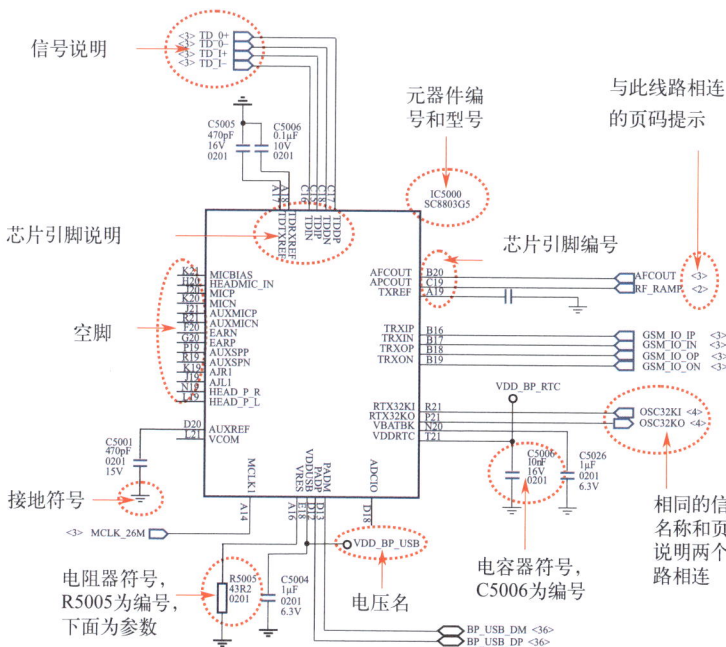

图 1-7　电路图中的各种标识

## 1.2.1　看懂线路连接页号提示

为了方便用户查找，在每一条非终端的线路上会标识与之连接的另一端信号的页码。根据线路信号的连接情况，可以了解电路的工作原理。如图 1-8 所示。

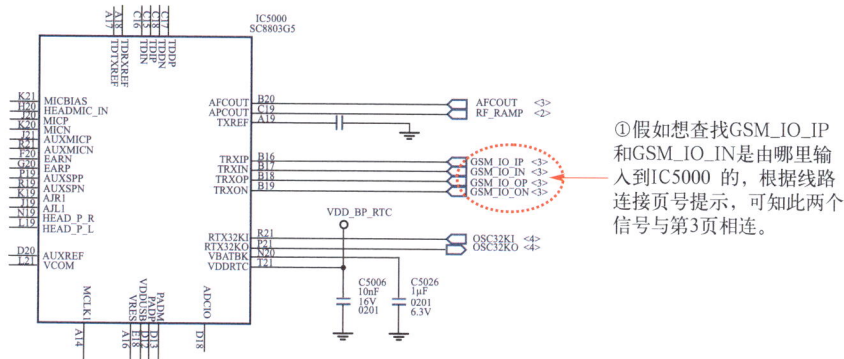

①假如想查找GSM_IO_IP和GSM_IO_IN是由哪里输入到IC5000 的，根据线路连接页号提示，可知此两个信号与第3页相连。

图 1-8

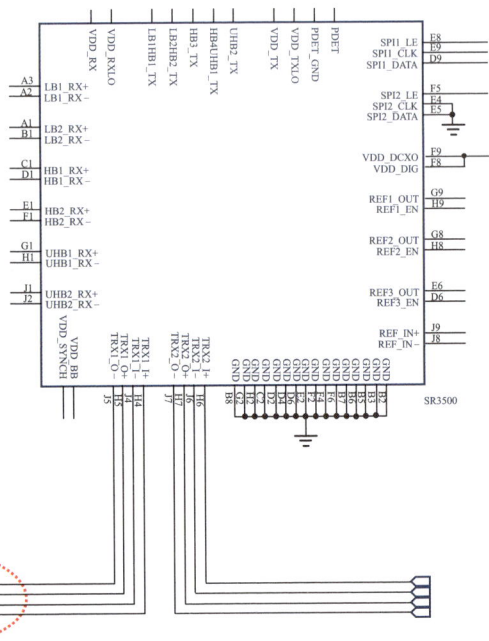

②进入第3页，找到GSM_IO_IP和GSM_IO_IN两个信号，可以查到此两个信号与芯片SR3500相连

<4> GSM_IO_ON
<4> GSM_IO_OP
<4> GSM_IO_IN
<4> GSM_IO_IP

图1-8　线路连接页号提示

### 1.2.2　认识电路图中的接地点

电路图中的接地点如图1-9所示。

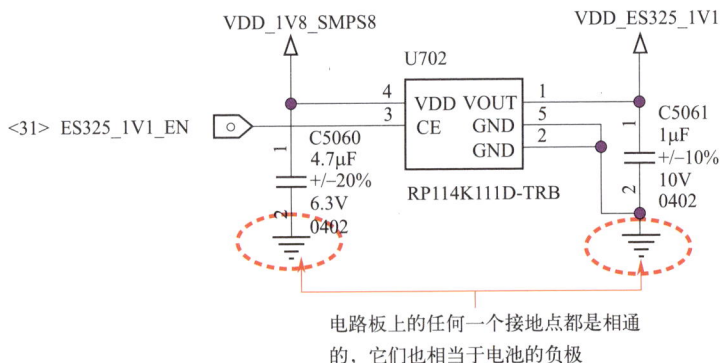

VDD_1V8_SMPS8　　　　　　　VDD_ES325_1V1

U702

<31> ES325_1V1_EN

VDD VOUT
CE GND
GND

RP114K111D-TRB

C5060
4.7μF
+/-20%
6.3V
0402

C5061
1μF
+/-10%
10V
0402

电路板上的任何一个接地点都是相通的，它们也相当于电池的负极

图1-9　电路图中的接地点

### 1.2.3　看懂电路图中的信号说明

信号说明是对该线路传输的信号进行描述，如图1-10所示。

如图,SIM0_RST
说明此信号是SIM
卡复位信号

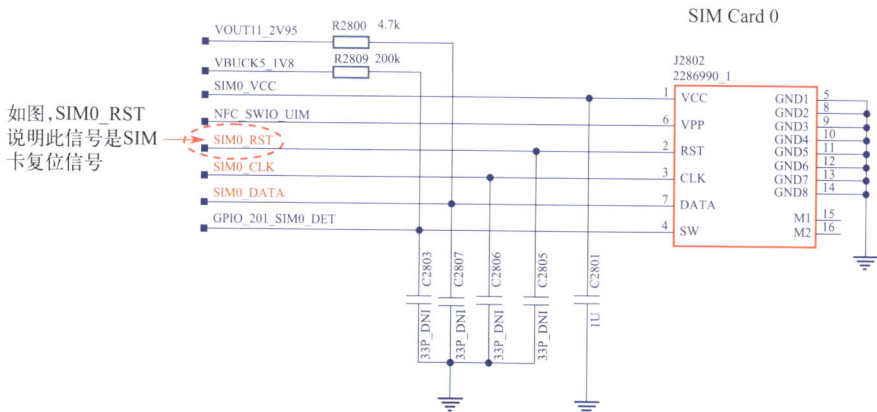

图1-10 信号说明

## 1.2.4 看懂线路化简标识

线路化简标识一般用于批量线路走线时,如图1-11所示。

IC800-6 SDMM 的存储器数据总线SDMMC4_DAT0至
SDMMC4_DAT7一起连接到FLASH的数据总线

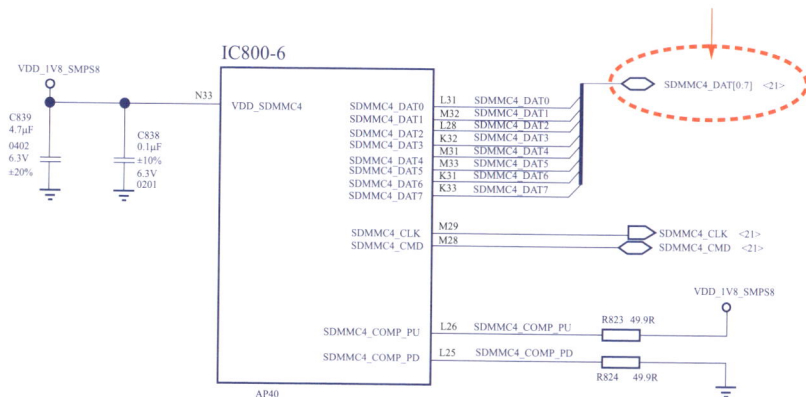

图1-11 线路化简标识

## 1.2.5 看懂电路图中的元器件

(1)电路图中的电阻器

电阻器一般用字母 R 表示,其在电路图中的符号如图 1-12 所示。

(2)电路图中的电容器

电容器一般用字母 C 表示,其在电路图中的符号如图 1-13 所示。

图中矩形框为电阻器在电路图中的图形符号。"R5030"中的R为电阻器的文字符号，即R表示电阻器，5030是其编号，100k为其阻值，表示100kΩ，±5%为其精度，0201为其尺寸规格，表示尺寸为0.6mm×0.3mm。贴片电阻器有多种尺寸，如0603、0805等。

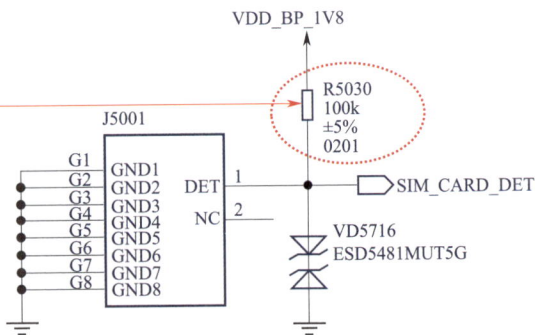

VDD_BP_1V8

R5030
100k
±5%
0201

J5001

G1 GND1
G2 GND2
G3 GND3
G4 GND4
G5 GND5
G6 GND6
G7 GND7
G8 GND8

DET 1
NC 2

SIM_CARD_DET

VD5716
ESD5481MUT5G

图 1-12　电路图中的电阻器

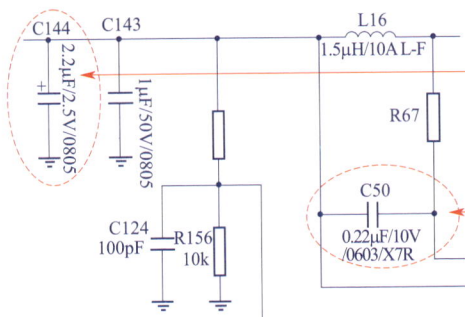

C144　C143

2.2μF/2.5V/0805

1μF/50V/0805

L16
1.5μH/10A L-F

R67

C124
100pF

R156
10k

C50
0.22μF/10V
/0603/X7R

①图中的符号为极性电容器在电路图中的图形符号。C144中的C为电容器的文字符号，即C表示电容器，144是其编号，下边的数字为参数。其中2.2μF为其容量，2.5V为其耐压参数，0805为其封装尺寸。

②图中的符号为电容器在电路图中的图形符号，C50为电容器的文字符号和编号，下边的数字为参数。其中0.22μF为其容量，10V为其耐压参数，0603为其封装尺寸，X7R表示介质材料。

图 1-13　电路图中的电容器

（3）电路图中的电感器

电感器一般用字母 L 表示，其在电路图中的符号如图 1-14 所示。

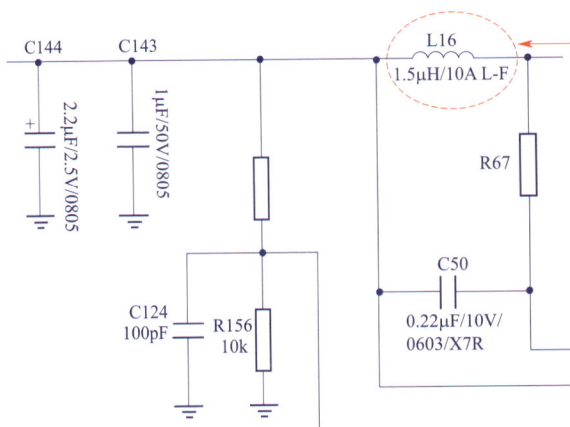

C144　　C143

2.2μF/2.5V/0805

1μF/50V/0805

L16
1.5μH/10A L-F

R67

C124
100pF

R156
10k

C50
0.22μF/10V/
0603/X7R

图中的符号为电感器在电路图中的图形符号。"L16"中的L为电感器的文字符号，即L表示电感器，16是其编号。下边的数字为参数。其中1.5μH为其电感量，10A为其额定电流参数，L-F为误差。

图 1-14　电路图中的电感器

（4）电路图中的二极管

二极管一般用字母 VD 表示，其在电路图中的符号如图 1-15 所示。

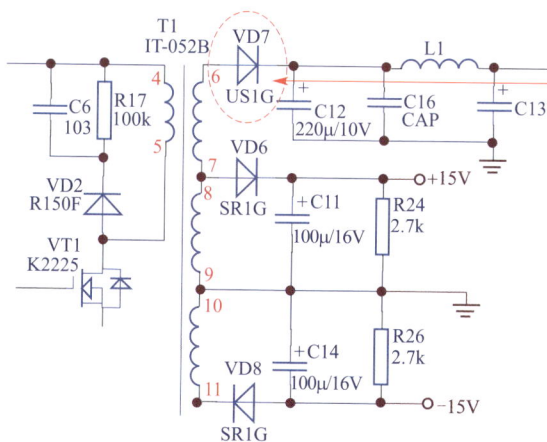

图中的符号为二极管在电路图中的图形符号。"VD7"中的VD为二极管的文字符号，即VD表示二极管，7是其编号。"US1G"为其型号。

图 1-15　电路图中的二极管

（5）电路图中的三极管

三极管一般用字母 VT 表示，其在电路图中的符号如图 1-16 所示。

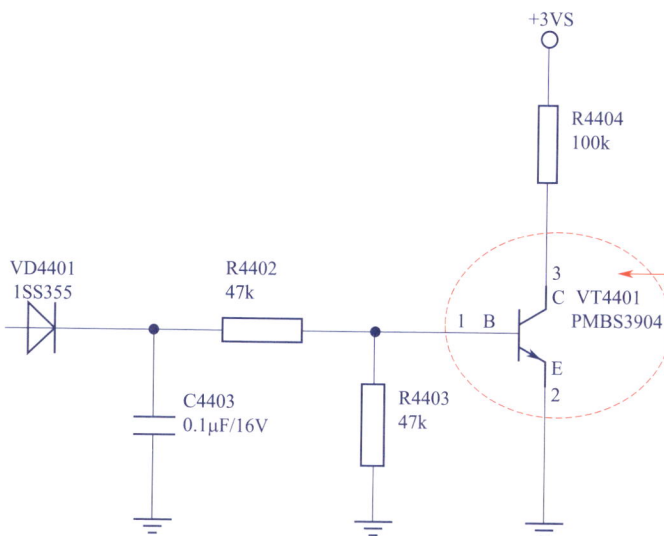

图中的符号为NPN型三极管在电路图中的图形符号。"VT4401"中的VT为三极管的文字符号，4401为其编号，下边的"PMBS3904"为其型号。通过型号可以查询到三极管的具体参数。

图 1-16

图中的符号为PNP型三极管在电路图中的图形符号。"VT104"为其文字符号和编号,上边的"DTA144EUA"为其型号,"SC70-3"为封装形式。

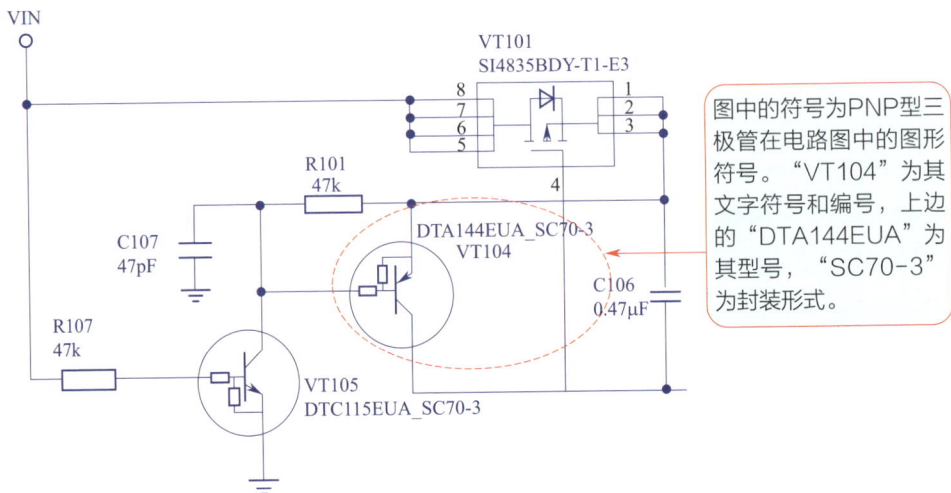

图 1-16 电路图中的三极管

（6）电路图中的场效应管

场效应管一般用字母 VT 表示,其在电路图中的符号如图 1-17 所示。

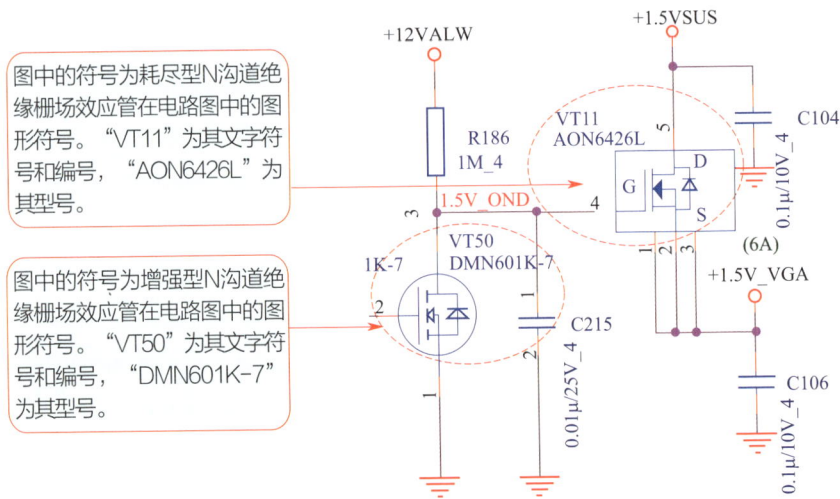

图中的符号为耗尽型N沟道绝缘栅场效应管在电路图中的图形符号。"VT11"为其文字符号和编号,"AON6426L"为其型号。

图中的符号为增强型N沟道绝缘栅场效应管在电路图中的图形符号。"VT50"为其文字符号和编号,"DMN601K-7"为其型号。

图 1-17 电路图中的场效应管

（7）电路图中的变压器

变压器一般用字母 T 表示,其在电路图中的符号如图 1-18 所示。

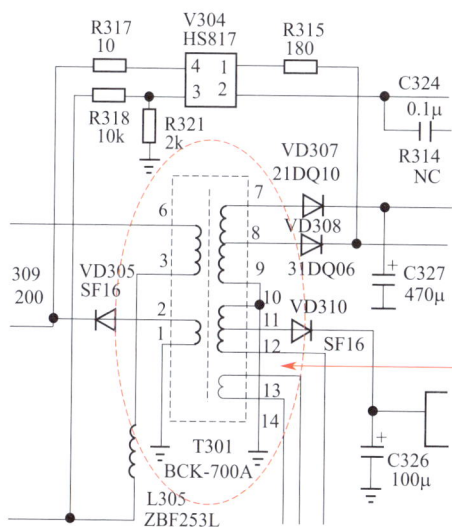

①图中的符号为开关变压器在电路图中的图形符号。"T301"中的T为变压器的文字符号，即T表示变压器，301是其编号。"BCK-700A"为其型号。

②变压器中间的虚线表示变压器初级线圈和次级线圈之间设有屏蔽层。变压器的初级有2组线圈可以输入2种交流电压，次级有3组线圈，并且其中2组线圈中间还有抽头，可以输出5种电压。

图 1-18　电路图中的变压器

（8）电路图中的晶振

晶振一般用字母 X 或 Y 表示，其在电路图中的符号如图 1-19 所示。

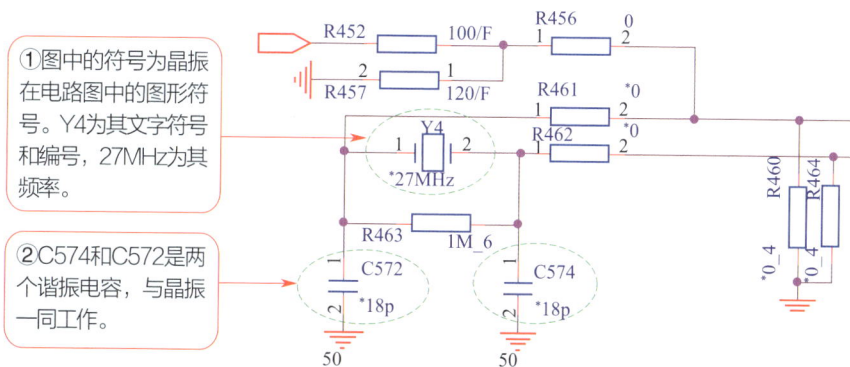

①图中的符号为晶振在电路图中的图形符号。Y4为其文字符号和编号，27MHz为其频率。

②C574和C572是两个谐振电容，与晶振一同工作。

图 1-19　电路图中的晶振

（9）电路图中的集成电路

集成电路一般用字母 IC 表示，其在电路图中的符号如图 1-20 所示。

（10）电路图中的继电器

继电器一般用字母 K 表示，其在电路图中的符号如图 1-21 所示。

图中的矩形框符号为集成电路在电路图中的图形符号，"IC1"中的IC为集成电路的文字符号，1是其编号，下面的MC33364为其型号。

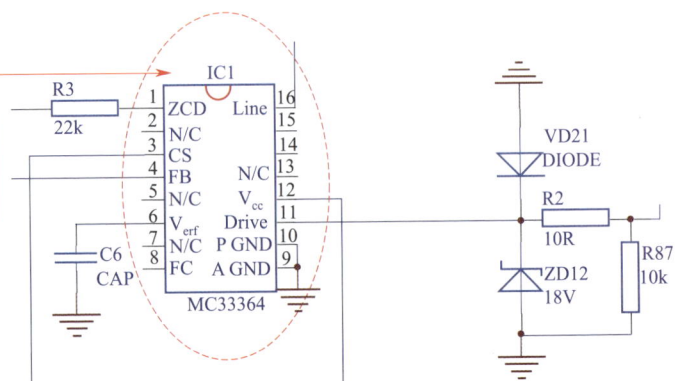

图 1-20 电路图中的集成电路

图中的符号为电磁继电器在电路图中的图形符号，"K1"中的K为电磁继电器的文字符号，即K表示电磁继电器，1是其编号。

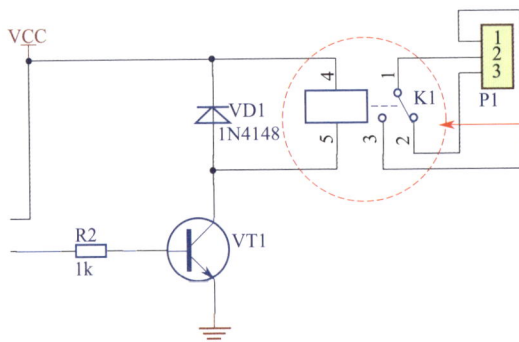

图 1-21 电路图中的继电器

# 第 2 章

# 图解变频电路运行原理

变频电路用于调节交流电的频率，即将交流电转变为直流电再转变为一定频率的交流电。在变频设备中，变频电路的故障率较高，本章将重点讲解常见变频设备中的变频电路由哪些芯片、电路组成，以及它是如何运行的。

## 2.1 图解变频器中变频电路运行原理

变频器中变频电路主要由整流、储能（滤波）、驱动、逆变几个环节构成，具体来说就是整流电路、中间电路（包括限流电路、直流滤波电路、制动电路等）、驱动电路、逆变电路、检测电路等几大电路。其中整流电路、制动电路、逆变电路一般集成在绝缘栅双极型晶体管（IGBT）模块中。本节将详细讲解变频器中变频电路的运行原理。

### 2.1.1　图解变频器中的变频电路

变频电路主要把频率为 50Hz 的 220V/380V 交流电整流为直流电，然后在控制驱动电路的控制驱动下，再将直流电逆变为频率为 30 ~ 130Hz 的交流电输出。

变频器中变频电路主要由主电路（包括整流电路、中间电路、逆变电路）、控制和驱动电路、电流检测电路等组成。下面将介绍变频器变频电路的组成结构。

如图2-1和图2-2所示为变频器的变频电路结构图和变频器电路板中的变频电路。

变频器的变频电路中各个电路功能各不相同，如图 2-3 所示为变频器变频电路各组成电路的功能详解。

### 2.1.2　变频电路中 IGBT 模块电路的运行原理

为了减少电路间的干扰，降低故障发生率，变频器中的变频电路一般采用集成度很高的 IGBT 模块来实现变频。IGBT 模块通常集成整流电路、制动单元、逆变电路等，接下来分别分析 IGBT 模块中集成的几大电路的运行原理。

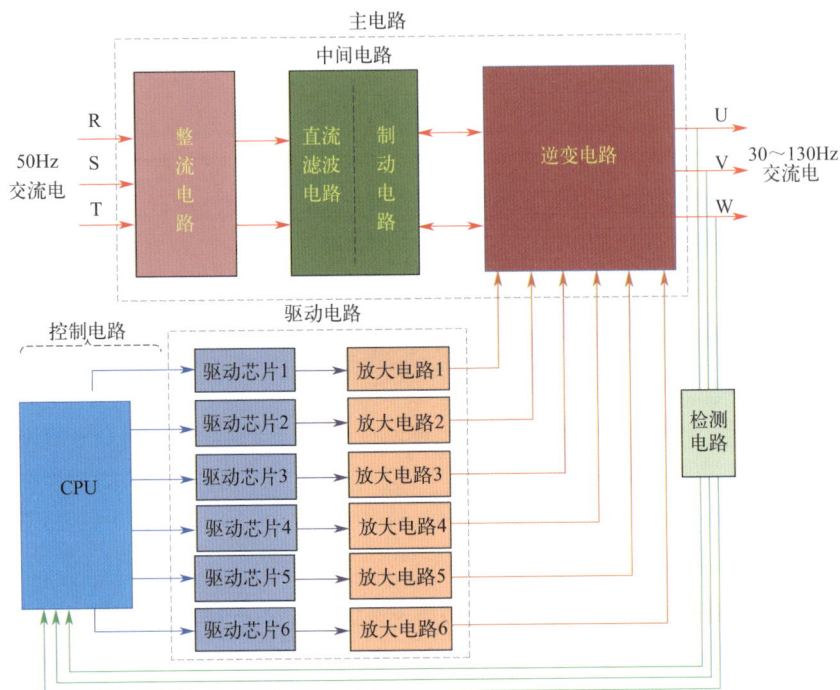

主电路

中间电路

图 2-1　变频器的变频电路结构图

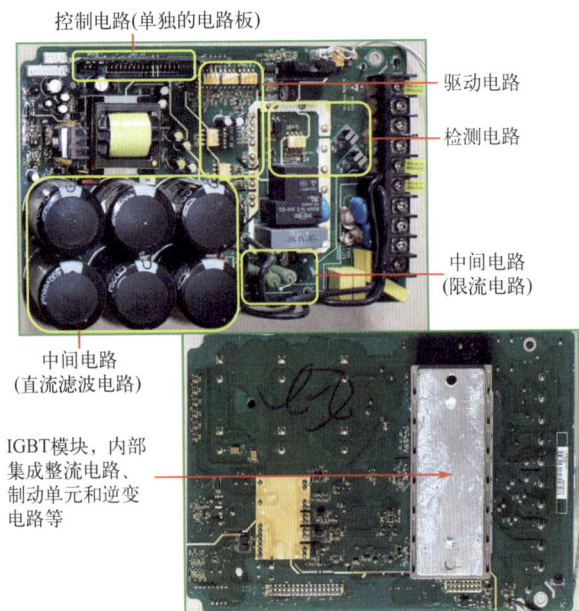

控制电路(单独的电路板)

驱动电路

检测电路

中间电路
(限流电路)

中间电路
(直流滤波电路)

IGBT模块,内部
集成整流电路、
制动单元和逆变
电路等

图 2-2　变频器电路板中的变频电路

①IGBT模块：IGBT模块通常集成整流电路、逆变电路等。

• 整流电路：其作用是将交流电压变为直流电压，为逆变电路提供所需的供电电压。整流电路主要由4只整流二极管（单相桥式整流电路）或6只整流二极管（三相桥式整流电路）组成。为了减少干扰，目前大部分变频器的整流电路都直接集成在IGBT模块中。

• 逆变电路：其作用是在驱动电路驱动控制下，将直流电路输出的直流电压转换成频率和电压都可以任意调节的交流电压。逆变电路的输出就是变频器的输出，所以逆变电路是变频器的核心电路之一，起着非常重要的作用。目前变频器通常采用集成逆变电路的IGBT模块。

②中间电路：一般包括限流电路、直流滤波电路、制动电路等。

• 限流电路：其作用是利用充电电阻来限流，以保护整流电路中的整流二极管在开机瞬间不被输入的浪涌电流烧坏。限流电路主要由充电电阻和继电器组成。

• 直流滤波电路：经过整流电路整流后的直流电，含有一些杂波，会影响直流电的质量。为了减少这种杂波，需要用滤波电容进行滤波处理。直流滤波电路通常采用大容量的滤波电容。由于受到电解电容器的电容量和耐压能力的限制，滤波电路通常由多个电容器串并联后组成。

• 制动电路：其作用是将减速停车过程中产生的六七百伏的再生回馈电能转换为热能消耗掉，防止这种高电压对变频器电路中的储能电容和逆变模块造成较大的电压和电流冲击，甚至造成损坏。一般小功率变频器将制动单元集成在IGBT模块内，外接制动电阻即可；大功率变频器则直接从直流回路引出PB或B、C或N（－）端子，来外接制动单元和制动电阻。

③驱动电路：其作用是将CPU送来的六路脉冲控制信号进行放大，转换为能驱动大功率IGBT的电流与电压信号，使IGBT按顺序处于导通和截止状态，将直流电压逆变为一定频率的交流电压，为电动机提供工作电压。

图2-3

图解变频器中变频电路运行原理

④控制电路：控制电路是整个变频器电路的中心，它负责控制整个电路的工作，监控电路的工作状态，对逆变器的输出电压和频率进行调节，从而实现对电机的调速和控制。控制电路主要由CPU、存储器、光耦合器等组成。

图 2-3　变频器变频电路各组成电路的功能详解

### 1）整流电路的运行原理

整流电路在变频器中的作用主要是将 220V/380V 交流电转变为直流电，为逆变电路和开关电源电路提供工作电压。

一般为了减少干扰，降低故障率，变频器中的整流电路一般都集成在 IGBT 模块中。整流电路主要包括单相整流电路和三相整流电路两种。

（1）单相整流电路的结构与运行原理

通常采用单相输入电压的变频器，会采用单相整流电路。单相整流电路一般采用 4 只整流二极管两两对接，连接成桥式整流电路。如图 2-4 所示为 IGBT 模块内部的单相整流电路图。

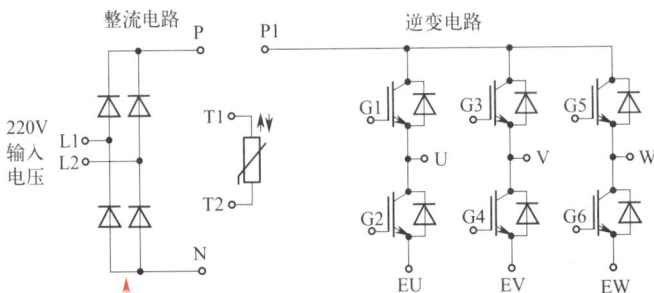

图中单相桥式整流电路主要负责将经过滤波后的220V交流电通过整流二极管进行全波整流，转变为输入电压 $\sqrt{2}$ (1.414)倍的直流电压，即310V的直流电压。

图 2-4　IGBT 模块内部单相整流电路图

桥式整流电路利用整流二极管的单向导通性进行整流，将交流电转变为直流电。如图 2-5 所示为单相整流电路的结构原理图。

（2）三相整流电路的结构与运行原理

三相整流电路主要用于中功率与大功率变频器电路，通常采用三相输入电压的变频器，会采用三相整流电路。三相整流电路一般采用 6 只整流二极管两两对接，连接成桥式整流电路。如图 2-6 所示为 IGBT 模块内部的三相整流电路图。

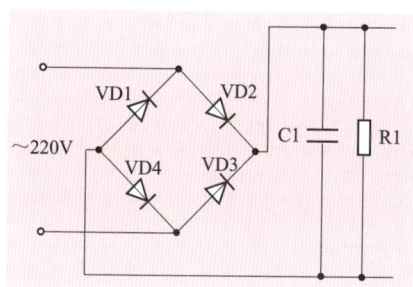

单相桥式整流电路每个整流二极管上流过的电流是负载电流的一半。当在交流电源的正半周时，整流二极管VD2和VD4导通，VD1和VD3截止。电流经过VD2、电阻R1、VD4后流向负极，此时输出正的半波整流电压；当在交流电源的负半周时，整流二极管VD1和VD3导通，VD2和VD4截止，电流经过VD3、电阻R1、VD1后流向负极。由于VD1和VD3这两只管是反接的，所以输出还是正的半波整流电压。

图 2-5　单相桥式整流电路原理图

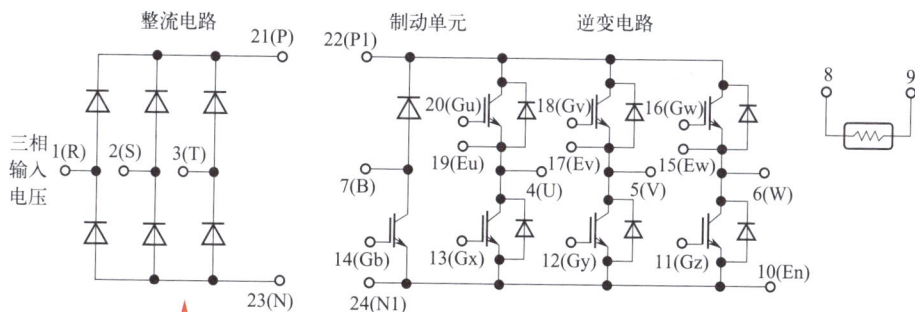

图中三相桥式整流电路主要负责将经过滤波后的380V交流电，通过整流二极管进行全波整流，转变为输入电压1.414倍的直流电压，即537V的直流电压。

图 2-6　IGBT 模块内部三相整流电路图

如图 2-7 所示为 6 只整流二极管组成的三相桥式整流电路原理图。三相桥式整流电路的工作原理如下。

从图中可知，VD1、VD3、VD5 三只二极管是共阴极接线，而 VD2、VD4、VD6 三只二极管共阳极接线。

共阴极接线的三个二极管中，同一时刻哪一相的电位最高，哪个二极管就优先导通。比如在 $t_1 \sim t_2$ 期间，U 点电位最高，则 VD1 二极管导通。对于共阳极接线，哪一相的电位最低，哪个二极管就优先导通。比如在 $t_1 \sim t_2$ 期间，V 点电位最低，则 VD4 二极管导通。在 $t_1 \sim t_2$ 期间，电流从 L1 进入，流过二极管 VD1、负载 RL、二极管 VD4 后，从 L2 流出，形成回路，输出正的半波整流电压。

三相桥式整流电路由6只整流二极管两两对接,连接成电桥形式(如图中的VD1~VD6)。利用整流二极管的单向导通性进行整流,将交流电转变为直流电。

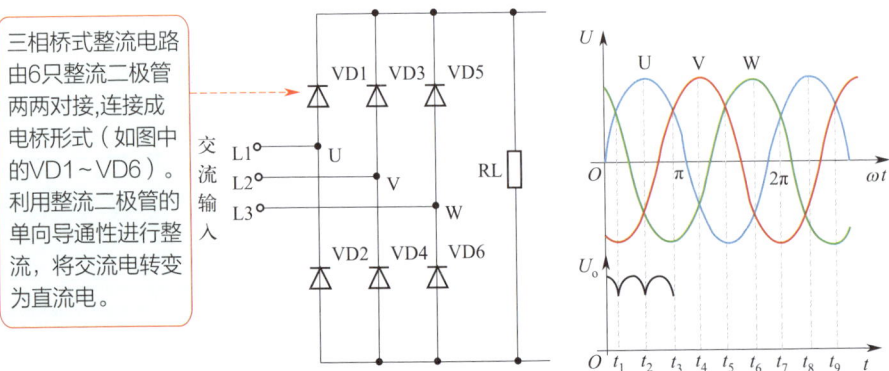

图 2-7　6 只二极管组成的三相桥式整流电路

　　一个大的周期可以分成 6 个小时间段,每一段都由一对相线对负载进行供电。在一个大的周期中,每个二极管有三分之一的时间导通(导通角为 120°)。

　　三相桥式整流电路主要负责将经过滤波后的 380V 交流电进行全波整流,转变为直流电压,然后再经过滤波将电压变为 380V 电压的 1.414 倍,即 537V 直流电压。

### 2)逆变电路的运行原理

　　逆变电路同整流电路相反,逆变电路是将直流电压变换为一定频率的交流电压,根据驱动电路发送的驱动控制信号控制逆变电路中相应的 IGBT 导通和关断,从而输出相位相差 120° 的 U、V、W 三相交流电压。

　　一般变频器的逆变电路都集成在 IGBT 模块中,如图 2-8 所示为 IGBT 模块内部的逆变电路图。

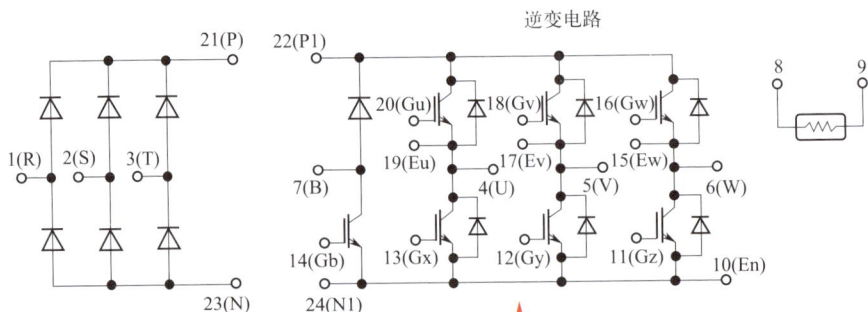

图中逆变电路主要由6只IGBT组成,每一只IGBT上并联了一只续流二极管。这些续流二极管为再生电能反馈提供通道。

图 2-8　IGBT 模块内部逆变电路图

逆变电路在正常工作时具有两个条件：第一，逆变电路两端要有 310V/537V 左右的直流电压；第二，要有六相驱动控制方波信号，在此驱动信号的作用下，6 只 IGBT 按顺序导通 / 关断。如图 2-9 所示为逆变电路原理图。

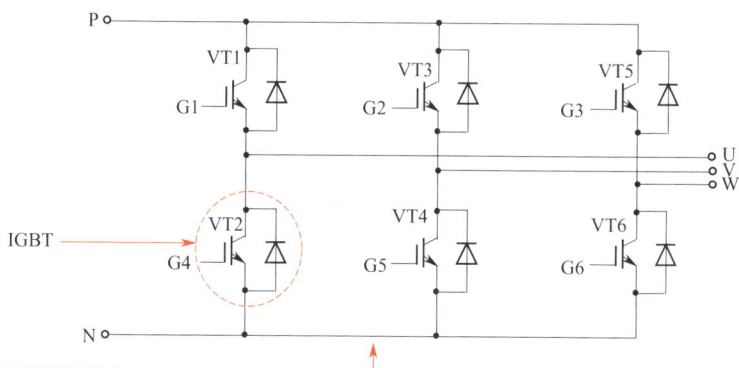

图中逆变电路主要由VT1~VT6 6只IGBT组成，每个IGBT及周边二极管等元件组成的电路叫绝缘栅双极型晶体管-二极管对（IGBT-D）。

图 2-9  逆变电路原理图

逆变电路的供电电压来自母线电压（P），逆变电路中每个 IGBT 都由专门的驱动电路来驱动（导通或截止），而驱动电路又由处理器（CPU）发出的 PWM（脉冲宽度调制）控制信号控制。

逆变电路运行原理如下。

① 逆变电路工作时，由处理器（CPU）送来的六路 PWM 控制信号控制驱动电路输出驱动信号（G1 ~ G6），驱动 6 只 IGBT（VT1 ~ VT6）轮流导通或截止，将来自母线电压的高压直流电压转变为一定频率的交流电压（U、V、W）输出。

② 工作时，VT1 与 VT4 为第一相工作，VT3 与 VT6 为第二相工作，VT5 与 VT2 为第三相工作，三相交替工作，将直流电压转变为交流电压。比如当 VT1 和 VT4 同时导通时（其他 IGBT 截止），P 电压（310V 或 537V）通过 VT1 后从 U 端子进入电动机的线圈，然后从 V 端子出来，再经过 VT4 后形成回路。这样电动机的线圈中就会有电流流过，产生磁场以驱动电动机的转子旋转。这样不断地导通不同的 IGBT，就可以驱动电动机的转子一直旋转。

③ 当需要改变电动机的转速时，可以通过调节处理器输出的 PWM 控制信号的占空比来改变电动机的转速，当 PWM 脉冲占空比达到最大时，加到电动机两端电压最大，电机转速最高。对于直流电动机，则通过调节处理器输出的 PWM 控制信号来调节加到直流电动机两端的直流电压。

### 2.1.3 变频电路中的中间电路的运行原理

中间电路主要指变频器变频电路中整流电路与逆变电路之间的电路，它主要由限流电路、直流滤波电路和制动电路组成。下面将详细讲解中间电路的运行原理。

#### 1）限流电路运行原理

在变频器开机上电的瞬间，由于滤波电容电压不能突变，因此会产生一个很大的充电电流，这个电流就是我们常说的输入浪涌电流，它是在对滤波电容进行初始充电时产生的。

在开机上电的瞬间，浪涌电流的峰值可能达到几百安培。这个浪涌电流虽然时间很短，但如果不加以抑制，会减短滤波电容和整流电路中整流二极管或整流桥堆的寿命，还可能造成输入电源电压的降低，让使用同一输入电源的其他动力设备瞬间掉电，对邻近设备的正常工作产生干扰。

那么怎么抑制浪涌电流呢？方法有很多，一般中小功率电源设备中采用电阻限流的办法抑制开机浪涌电流，即在整流电路和滤波电容之间增加一个大阻值的电阻，如图 2-10 所示。

两个功率电阻串联组成的限流电阻　　　由水泥电阻组成的限流电阻

在大多数变频器中，限流电阻通常采用能承受高功率、大电流的柱体线绕功率电阻或方形水泥电阻，根据变频器的功率，限流电阻的阻值为几十欧姆到几百欧姆，功率为几瓦到几百瓦。

图 2-10　变频器电路中的限流电阻

变频器中限流电路主要由限流电阻和继电器等元器件组成。如图 2-11 所示为变频器限流电路运行原理。

#### 2）直流滤波电路运行原理

直流滤波电路的作用是过滤整流后的直流电压中无用的交流电，使直流电压波形变得纯净、平滑。由于整流电路中的整流二极管存在结电容效应，所以整流后的直流电压中会有一部分交流脉动电压，这部分多余的交流电会导致电路中的电压出现波动，给逆变电路及开关电源电路带来工作不稳定的问题。

在变频器的主电路中经常会看到很多个头很大的电解电容，通常这些电容就是直流滤波电路中的电容，如图 2-12 所示。

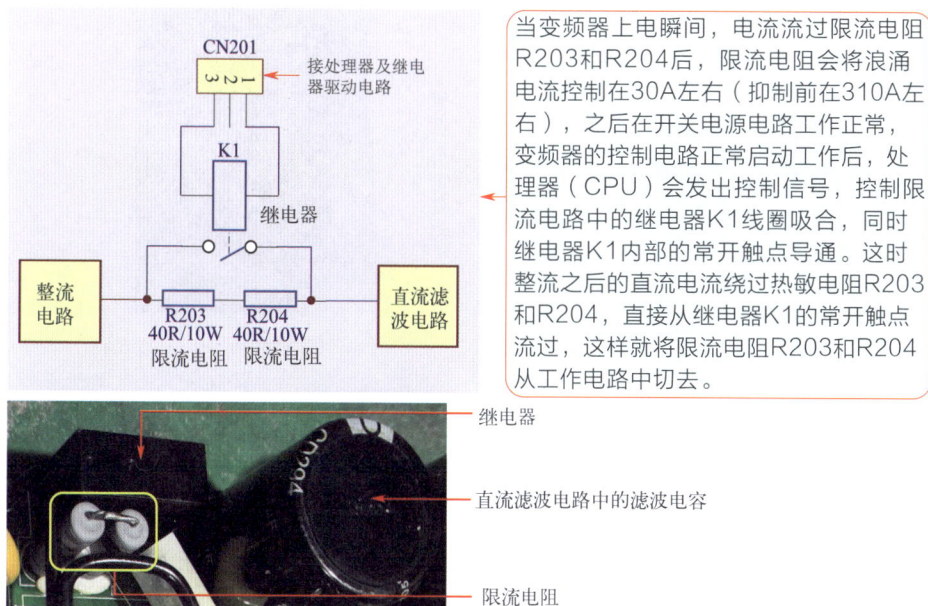

当变频器上电瞬间，电流流过限流电阻R203和R204后，限流电阻会将浪涌电流控制在30A左右（抑制前在310A左右），之后在开关电源电路工作正常，变频器的控制电路正常启动工作后，处理器（CPU）会发出控制信号，控制限流电路中的继电器K1线圈吸合，同时继电器K1内部的常开触点导通。这时整流之后的直流电流绕过热敏电阻R203和R204，直接从继电器K1的常开触点流过，这样就将限流电阻R203和R204从工作电路中切去。

图 2-11　变频器限流电路运行原理

在直流滤波电路中，我们经常看到很多滤波电容通过并联或串联或混合连接的方式连接。这是由于电解电容器的耐压只能做到500V，而三相380V的电压经全波整流后，直流电压的峰值为537V，平均值也有513V。因此，为了增加电容的耐压值，需要将两个滤波电容器串联起来。

图 2-12　直流滤波电路中的滤波电容

　　滤波电容器串联后，总的耐压值为所串联的每个滤波电容器耐压值之和。如图2-13 所示为直流滤波电路中滤波电容器串联的电路图及实物图。

　　不过电容器串联之后的总容量会减少，总容量减少意味着电路的存储能力减弱，为了增加滤波电路的总容量值，需要将多个滤波电容并联。当电容并联时，总电容量为所有并联滤波电容器的电容量之和，不过并联后总耐压值为所有并联电容器耐压值中最低的那个值。如图 2-14 所示为直流滤波电路中滤波电容器并联的电路图及实物图。

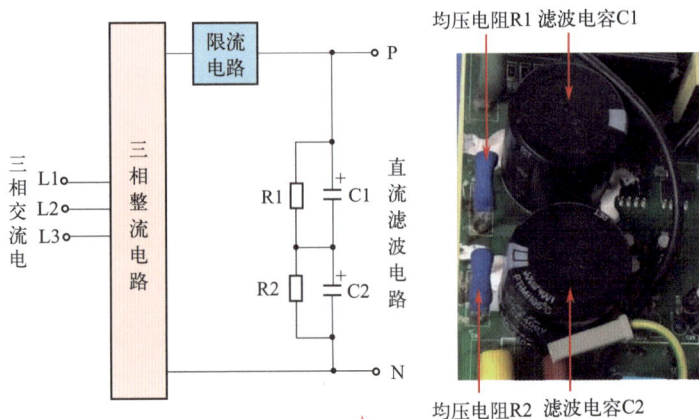

图中，直流滤波电路中的两个电容C1和C2串联连接，每个滤波电容并联一只均压电阻。由于两只电容器C1和C2的容量不会完全一样，这会导致两只电容两端的电压不一致，而并联两只均压电阻R1和R2后可以使电容器C1和C2上的电压变成一样的。

图 2-13　两个滤波电容器串联电路图及实物图

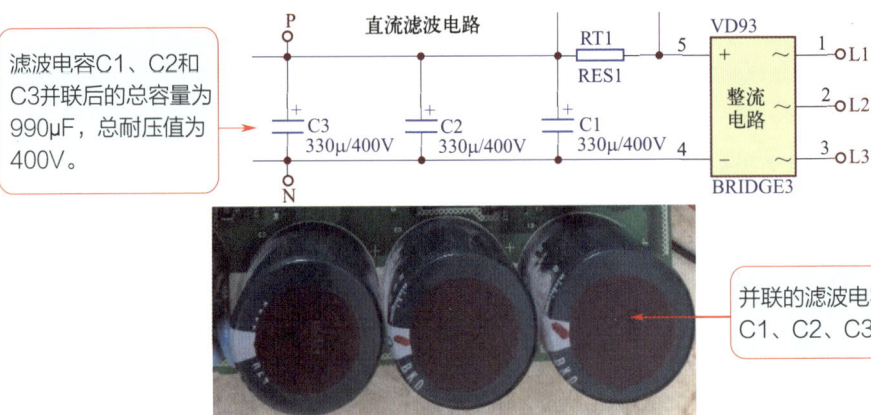

滤波电容C1、C2和C3并联后的总容量为990μF，总耐压值为400V。

并联的滤波电容C1、C2、C3

图 2-14　直流滤波电路中滤波电容器并联的电路图及实物图

　　另外，一些大功率的变频器的直流滤波电路会采用多个电容器并联之后再串联的方式来提高耐压值和容量值。如图 2-15 所示为直流滤波电路中六个滤波电容器并联后再串联的连接形式。

　　如果六个电容器的容量都为 330μF，耐压值都为 400V，那么并联后再串联的总容量为 495μF，总耐压值为 800V。电阻器 R1 和 R2 的作用是使两组电容器上的电压分配相等，解决电压不均衡的问题。

图中，直流滤波电路中三个滤波电容器C1、C2和C3并联，三个滤波电容器C4、C5和C6并联，然后再将两组电容器串联起来。

图2-15　六个滤波电容器并联后再串联的电路图及实物图

### 3）制动电路运行原理

当电动机减速与停止运行时，电动机的惯性使电动机线圈产生再生电流，这一再生电流会由变频器的 IGBT 模块中 IGBT 所并联的二极管整流，反馈进入变频器的直流回路，使直流回路的电压升高（比如三相变频器中直流电压可能由 537V 左右上升到 600V、700V，甚至更高）。这种急剧上升的电压，有可能对变频器主电路的储能电容和 IGBT 模块造成较大的电压和电流冲击，甚至导致其损坏。而制动电路则会将这一再生电流通过制动电阻消耗掉，以保护滤波电路。

在小功率变频器中，制动单元（包括制动 IGBT、二极管等）往往集成于 IGBT 模块内，然后从直流回路引出 P、PB、N 端子，由用户根据负载运行情况选配制动电阻。但较大功率的变频器则一般由用户根据负载运行情况选配制动单元和制动电阻，接在 P 与 PB、C 端子。

如图 2-16 所示为变频器的制动电路原理图。

制动电路的运行原理如下。

① 制动电阻接在 P 和 PB 之间，当母线电压检测电路检测到母线电压升高并反馈给 CPU（IC1）时，CPU 会通过 25 脚输出低电平的制动控制信号，此制动控制信号使光耦合器 IC3（2501）的 2 脚变为低电平，此时 +5V 电压经过电阻 R7、光耦合器 IC3 的 1 脚流入芯片内部的发光二极管，使其发光，接着光耦合器 IC3 内部的光敏三极管导通，V+ 电压经过光耦合器内部的光敏三极管后接到三极管 VT1 的基极，使其导通。然后 V+ 电压经过 VT1 后，经电阻 R10 加到制动 IGBTVT18 的 G 极，使其导通。

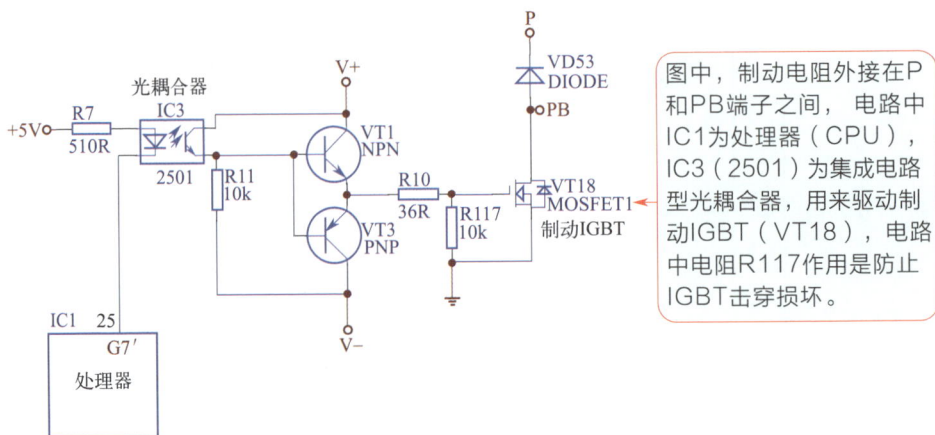

图中，制动电阻外接在P和PB端子之间，电路中IC1为处理器（CPU），IC3（2501）为集成电路型光耦合器，用来驱动制动IGBT（VT18），电路中电阻R117作用是防止IGBT击穿损坏。

图 2-16　制动电路原理图

② 当 VT1 导通后，P 和 PB 之间连接的制动电阻就会被接通，这时就会将母线中的多余的高压通过制动电阻释放掉（制动电阻会将电能转换为热能）。

制动 IGBT 的控制信号一般有两个来源：第一是由 CPU 根据直流回路电压检测信号发送制动动作指令，经普通光耦合器或驱动光耦合器控制制动开关管的通断。制动指令为脉冲信号，也可为直流电压信号。第二是由直流回路电压检测电路处理成直流开关量信号，直接控制光耦合器，进而控制制动开关管的开通和断开。

### 2.1.4　变频电路中驱动电路的运行原理

驱动电路主要是将 CPU 送来的控制 IGBT 的六路脉冲控制信号进行放大，转换为能驱动大功率 IGBT 的电流与电压信号，送至逆变电路中，驱动六个大功率 IGBT，使它们按顺序处于导通和截止状态，将整流滤波电路送来的直流电压逆变为一定频率的交流电压，为电动机提供工作电压。接下来将详细讲解变频器驱动电路的运行原理。

变频器驱动电路主要由驱动芯片、二极管、电阻器、电容器等元件组成。如图 2-17 所示为变频器的驱动电路。

驱动电路

驱动芯片

连接处理器
的接口插座

图2-17 变频器的驱动电路

一般变频器驱动电路的供电主要来自开关电源电路，大功率变频器通常会有专门的为驱动电路供电的开关电源电路。变频器驱动电路需要的工作电压主要有 +14V、+15V、+18V、+27V、+29V、-7.5V、-10V 等，其中 +15、+18V 比较常见。

在变频器中驱动芯片 PC923、PC929、A3150 等应用最广，下面以 PC929和 A3150 两个驱动芯片组成的驱动电路为例讲解驱动电路的运行原理。如图 2-18所示为驱动电路原理图及实物电路。

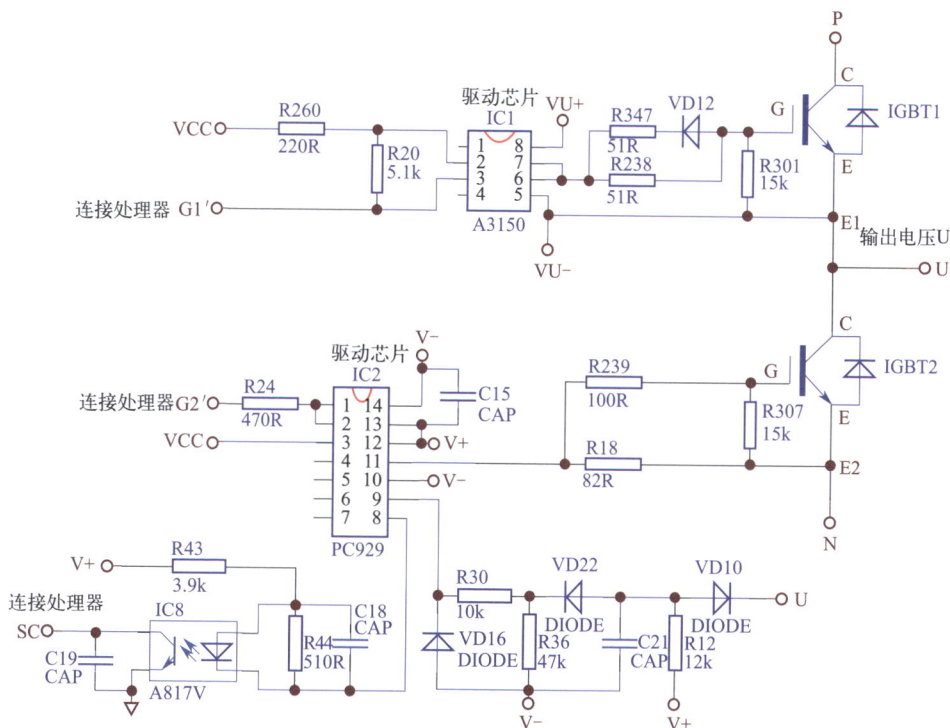

图2-18

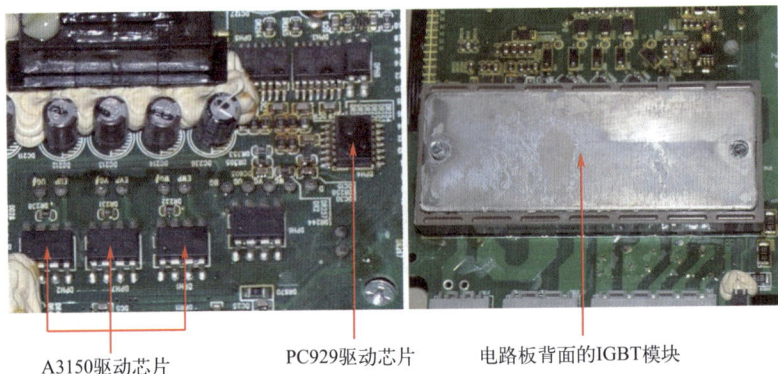

A3150驱动芯片　　　　　PC929驱动芯片　　　　电路板背面的IGBT模块

图 2-18　驱动电路原理图及实物电路

PC929 和 A3150 驱动芯片组成的驱动电路的运行原理如下。

① 当开关电源电路开始工作后，其输出的 VU+（+18V 左右）直流电压给 A3150（IC1）驱动芯片的第 8 脚供电，VU−（−18V 左右）直流电压给 A3150（IC1）的第 5 脚供电。开关电源电路另一路 V+（+18V 左右）直流电压给 PC929（IC2）驱动芯片的第 13 脚与第 12 脚供电。

② 同时，由开关电源电路输出的 +5V 直流电压经过恒流电路处理为 VCC 后，给 A3150（IC1）驱动芯片的第 2 脚与 PC929（IC2）驱动芯片的第 3 脚供电，作为其内部发光二极管的待机电压。

③ 接着从主板处理器（CPU）来的控制脉冲信号，分别送入驱动芯片 A3150（IC1）的第 3 脚与驱动芯片 PC929（IC2）的第 1、2 脚。其中，G1′ 控制信号加到 A3150（IC1）芯片的第 3 脚，G2′ 控制信号经电阻 R24 加到 PC929（IC2）的第 1、2 脚。

④ 当驱动芯片 A3150 和 PC929 获得工作电压和处理器（CPU）输送的控制脉冲信号后，驱动芯片 A3150 的第 6 脚就会输出驱动信号。此信号经电阻 R238 后加到 IGBT1 的 G 极。当驱动信号为高电平时，驱动 IGBT1 导通；当驱动信号为低电平时，IGBT1 的 G 极电压被拉低。由于 VU− 为负压，因此 IGBT1 被迅速截止，这样使 IGBT1 不断工作在导通与截止状态。电路中电阻 R301 的作用是防止 IGBT1 击穿损坏，电阻 R347 和二极管 VD12 用来加快 IGBT1 截止。

⑤ 同样，驱动芯片 PC929（IC2）工作时，从驱动芯片 PC929 的第 11 脚输出驱动信号，经电阻 R239 后加到 IGBT2 的 G 极。当驱动信号为高电平时，驱动 IGBT2 导通；当驱动信号为低电平时，IGBT2 被迅速截止。这样使 IGBT2 也不断工作在导通与截止状态。电路中电阻 R307 的作用是防止 IGBT2 击穿损坏。当 IGBT1 和 IGBT2 轮流导通截止时，就会输出电压 U。

全彩图解 **电子元器件 + 变频电路检测与维修**

### 2.1.5　变频电路中电流检测电路运行原理

变频器在工作时，会通过电流检测电路来监测电路，获得危险信息。当变频器面临异常工作状态时，变频器会自动采取停机或其他保护措施，尽最大可能保护IGBT模块等元器件的安全。

大部分的变频器采用霍尔电流传感器检测IGBT模块的电流。它是利用输出导线穿过传感器产生的磁场大小来测定电流大小，霍尔传感器输出一个和电流成正比的电压或电流信号，信号再送CPU控制电路处理。如图2-19和图2-20所示为两个采用霍尔电流传感器的电流检测电路。

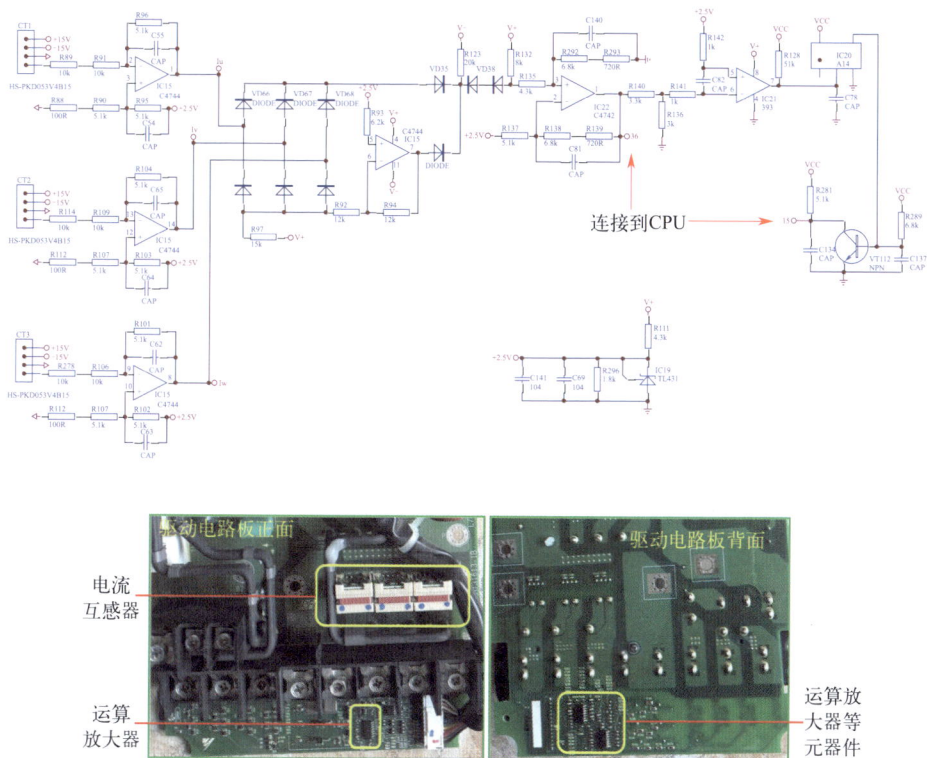

连接到CPU

电流
互感器

运算
放大器

驱动电路板正面

驱动电路板背面

运算放
大器等
元器件

图2-19　采用霍尔电流传感器组成的电流检测电路（一）

图2-19中的电流检测电路运行原理如下。

① CT1、CT2、CT3为3只电流互感器，它们串接于IGBT模块三相输出电流回路，输出三路代表输出电流大小的交流电压信号。IC15（C4744）为运算放大器，它内部包括4组放大器；IC22（C4742）为运算放大器，它内部包括2组放大器；IC21（393）为运算放大器，它内部包括2组放大器。

② IC15运算放大器的3组放大器与外围元件构成了三路精密半波整流器，

将从 IGBT 模块输入的三相交流电压信号的负半波倒相整流成正电压信号，输入到由 IC15 内部第四组运算放大器构成的反相放大器的输入端，输出负的全电流信号。

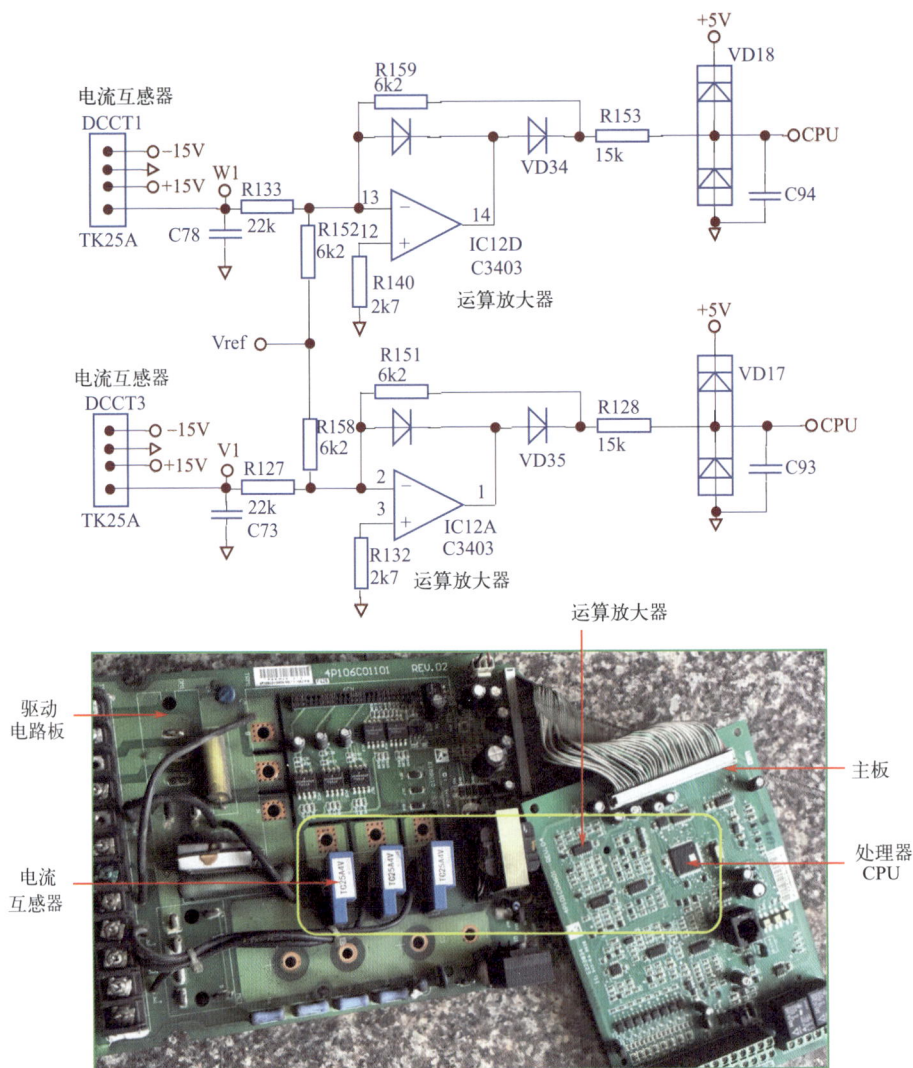

图 2-20 采用霍尔电流传感器组成的电流检测电路（二）

③ 运算放大器 IC15 实际构成了三相半波整流电路，整流信号实质上为 3 个电压波头的脉动直流信号，含有 U、V、W 三相输出电流的信息。此信号经二极管 VD35、VD38，电阻 R135 后输入运算放大器 IC22（C4742）的第 3 脚，IC22

构成了一个电压整形电路，输出的信号被送入 CPU 的第 36 脚。CPU 内部计数电路（程序）据单位时间内输入信号脉冲个数的多少，判断是否有输出断相现象，当脉冲数目减少时，报出输出断相故障，进行停机保护。

④ 同时 IC22 输出的信号经电阻 R140、R141、R136 被送入由运算放大器 IC21（393）构成的电压比较器的反相输入端（第 6 脚），电压比较器的同相输入端（第 5 脚）是由 +2.5V 电压经电阻 R142 分压形成的基准电压。当第 6 脚电压超过第 5 脚电压时，第 7 脚输出状态反转，输出 -VCC 的负电压信号，经 IC20 及三极管 VT12 放大处理后，向 CPU 的第 15 脚输入 OL 过电流信号。CPU 收到此信号后，发出过电流警告，同时进行短延时处理，在短延时处理过程中，若过电流现象消失，则变频器继续运行，若过电流信号依旧存在，则 CPU 发出停机信号，进行停机保护。

图 2-20 中的电流检测电路运行原理如下。

① 电流互感器 DCCT1 输出的电流检测信号，输入到运算放大器 IC12D（C3403）的第 13 脚，经 IC12D 运算放大器组成的精密半波整流器整流为正的模拟电压信号，然后经过电阻 R153 和电容 C94 组成的 RC 抗干扰电路滤波后，再经过 VD18 二极管钳位保护电路，输入到 CPU 中。

② 另一路中，电流互感器 DCCT3 输出的电流检测信号，输入到运算放大器 IC12A（C3403）的第 2 脚，经 IC12A 运算放大器组成的精密半波整流器整流为正的模拟电压信号，然后经过电阻 R128 和电容 C93 组成的 RC 抗干扰电路滤波后，再经过 VD17 二极管钳位保护电路，输入到 CPU 中。

③ 当电动机升速较慢而导致转差率上升，并形成过大的负载电流时，此异常增幅电流信号通过图中电流检测电路处理，被送入 CPU 内部电路，CPU 将暂停输出频率的上升（或使输出频率有所回落），等负载电动机的转差率下降，启动电流回落到允许值以内时，变频器输出频率才继续上升。此种控制过程一直持续到电动机正常运行为止。正常运行中，电流检测信号则由程序计算后，由操作显示面板显示运行电流。

## 2.2 图解伺服驱动器中变频电路运行原理

伺服驱动器变频电路主要由整流电路、限流电路、滤波电路、制动电路、IPM 模块（集成 IGBT、驱动电路、检测电路等）或 IGBT 模块（如果采用 IGBT 模块，驱动电路和检测电路会独立出来）等几大电路组成。接下来将重点讲解伺服驱动器的变频电路的运行原理。

### 2.2.1　图解伺服驱动器的变频电路

伺服驱动器的变频电路主要把 220V/380V 交流电整流为直流电，然后根据对伺服电动机的控制要求，在控制电路和驱动电路的控制驱动下，再将直流电逆变为所需频率的交流电输出，来驱动伺服电动机转动。

如图 2-21 和图 2-22 所示为伺服驱动器的变频电路结构图和伺服驱动器电路板中的变频电路。

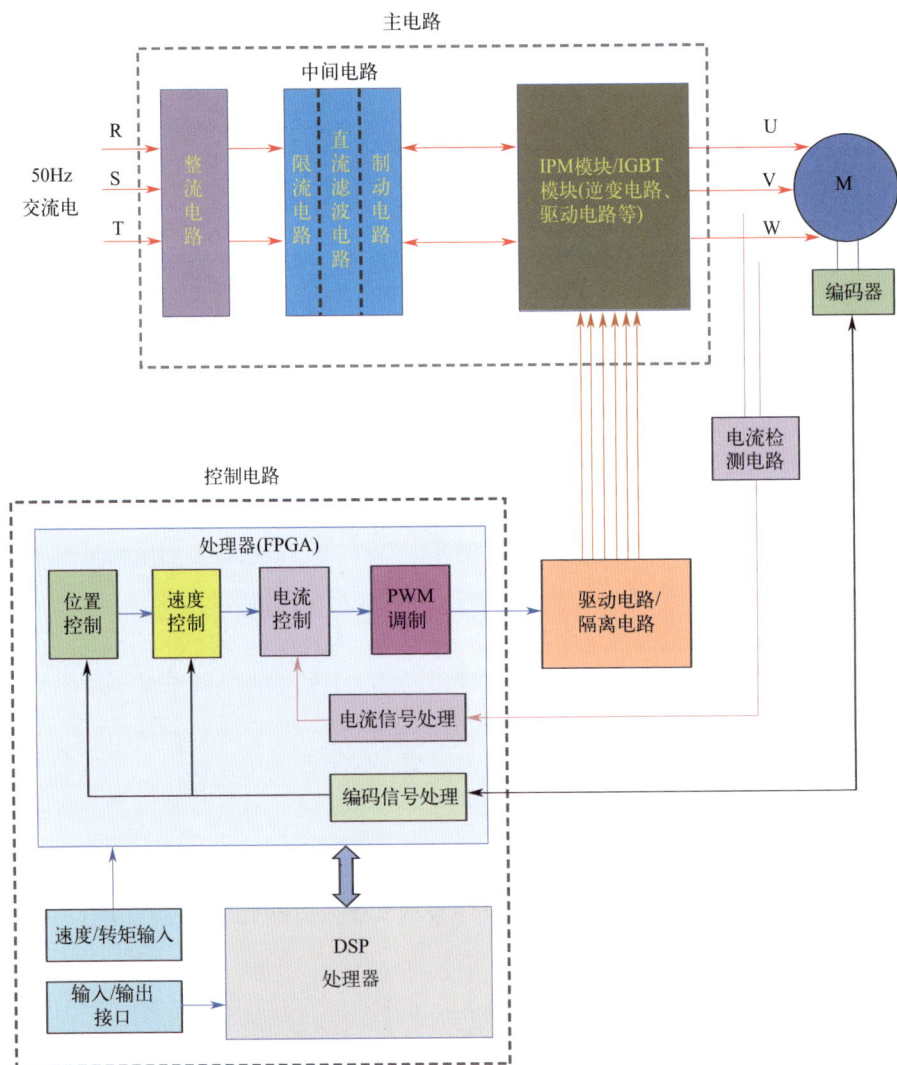

图 2-21　伺服驱动器的变频电路结构图

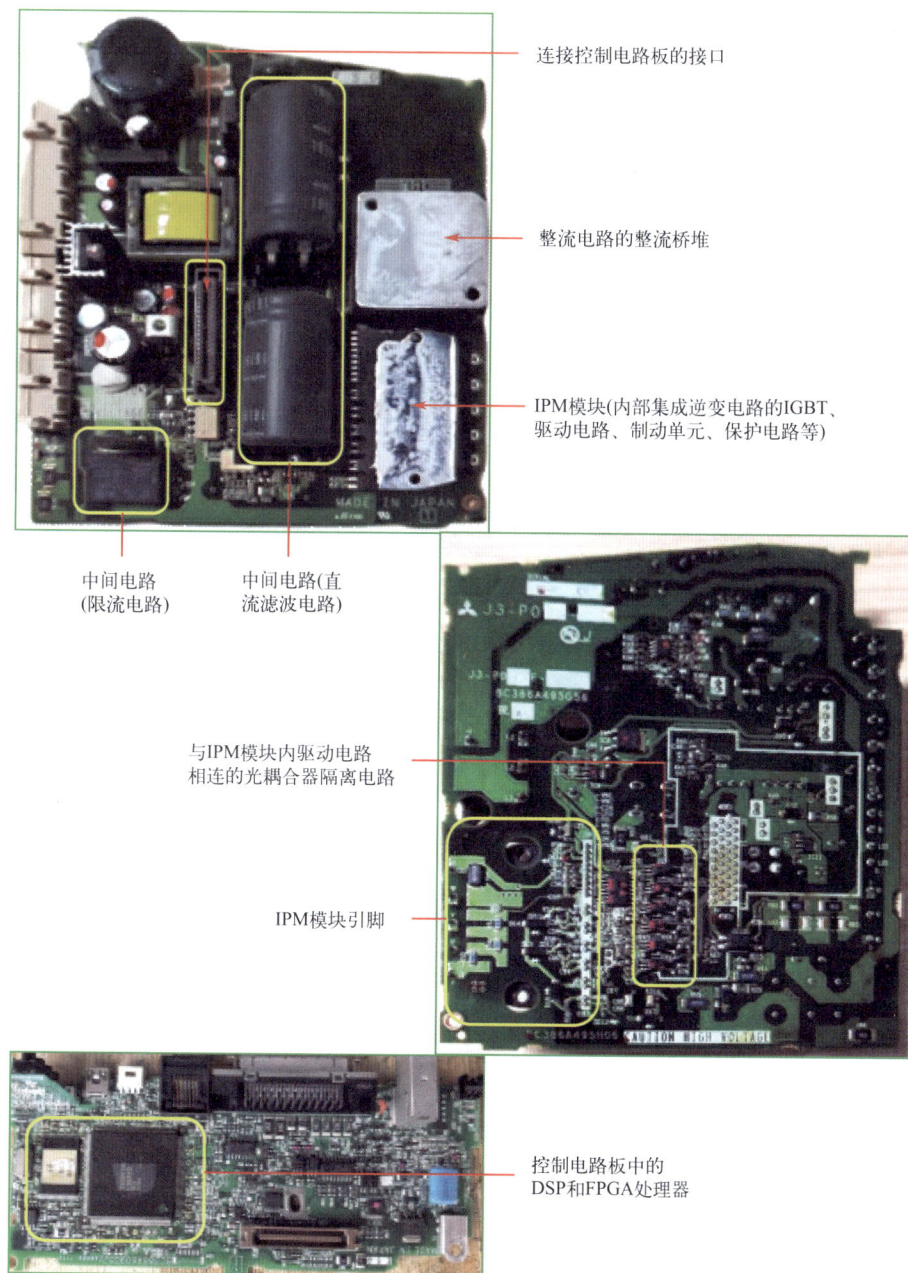

连接控制电路板的接口

整流电路的整流桥堆

IPM模块(内部集成逆变电路的IGBT、驱动电路、制动单元、保护电路等)

中间电路
(限流电路)

中间电路(直流滤波电路)

与IPM模块内驱动电路相连的光耦合器隔离电路

IPM模块引脚

控制电路板中的DSP和FPGA处理器

图 2-22　伺服驱动器电路板中的变频电路

　　伺服驱动器的变频电路把频率为 50Hz 的交流电转变为不同频率的交流电，为伺服电动机提供驱动电压。伺服驱动器的变频电路中各个电路功能各不相同，如图 2-23 所示为伺服驱动器的变频电路各组成电路的功能详解。

①IPM模块：IPM模块通常集成逆变电路、驱动电路、保护电路等。

• 逆变电路：其作用是在驱动电路驱动控制下，将直流电路输出的直流电压转换成频率和电压都可以任意调节的交流电压。

• 驱动电路：其作用是将CPU送来的控制变频管的六路脉冲控制信号进行放大，转换为能驱动大功率IGBT的电流与电压信号，使IGBT按顺序处于导通和截止状态，将直流电压逆变为一定频率的交流电压，为电动机提供工作电压。

②整流电路：其作用是将交流电压变为直流电压，为逆变电路提供所需的供电电压。整流电路主要由4只整流二极管（单相桥式整流电路）或6只整流二极管（三相桥式整流电路）组成。为了减少干扰，目前大部分伺服驱动器采用集成整流电路的整流桥堆。

③中间电路：一般包括限流电路、直流滤波电路、制动电路等。

• 限流电路：其作用是利用充电电阻来限流，以保护整流电路中的整流二极管在开机瞬间不被输入的浪涌电流烧坏。限流电路主要由充电电阻和继电器组成。

• 直流滤波电路：经过整流电路整流后的直流电，含有一些杂波，会影响直流电的质量。为了减少这种杂波，需要用滤波电容进行滤波处理。直流滤波电路通常采用大容量的滤波电容，由于受到电解电容器的电容量和耐压能力的限制，滤波电路通常由多个电容器串并联后组成。

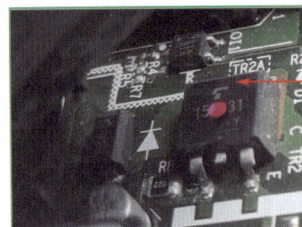

• 制动电路：其作用是将减速停车过程中产生的六七百伏的再生回馈电能转换为热能消耗掉，防止这种高电压对变频器电路中的储能电容和逆变模块造成较大的电压和电流冲击，甚至造成损坏。一般小功率变频器将制动单元集成在IGBT模块内，外接制动电阻即可，大功率变频器则直接从直流回路引出PB或B、C或N（－）端子，来外接制动单元和制动电阻。

④隔离电路：其主要起信号隔离的作用，主要是将处理器（CPU）送来的输入驱动电路的控制信号与逆变电路的高压信号进行隔离。

⑤控制电路：控制电路是整个伺服驱动器的核心，它实现系统位置控制、速度控制、转矩和电流控制。控制电路通过相应的算法输出PWM信号，作为驱动电路的驱动信号，来改变逆变电路的输出功率，以达到控制交流伺服电机的目的。控制电路主要由DSP处理器、FPGA处理器、存储器、光耦合器等组成。

图 2-23　伺服驱动器的变频电路各组成电路的功能详解

### 2.2.2　变频电路中整流电路运行原理

伺服驱动器中的整流电路与变频器中的整流电路作用相同，都是将 220V/380V 交流电转变为直流电，为逆变电路（IPM 模块或 IGBT 模块）提供供电电压。

伺服驱动器中的整流电路一般采用集成整流二极管的整流桥堆，整流桥堆又分为单相整流桥堆和三相整流桥堆，下面详细讲解。

#### 1）单相整流桥堆

单相整流桥堆实际就是将 4 只整流二极管集成在一个集成电路中构成的，如图 2-24 所示为单相整流桥堆引脚和内部结构图。

图 2-24 中的整流桥堆的 4 个引脚中，中间 2 个引脚为交流电压输入端，两边 2 个引脚为直流电压输出端。

单相整流桥堆组成的单相桥式整流电路主要负责将经过滤波后的 220V 交流电，进行全波整流，转变为直流电压，然后再经过滤波后将电压变为市电电压的 1.414 倍，即 310V 直流电压。单相整流桥堆的工作原理与单相桥式整流电路相同，参考 2.1.2 小节内容。

#### 2）三相整流桥堆

很多中功率与大功率伺服驱动器的整流电路采用三相整流桥堆进行整流。三相整流桥堆实际就是将 6 只整流二极管两两对接，每两只整流二极管为一对，然后集成在一个集成电路中构成的,如图 2-25 所示为三相整流桥堆引脚和内部结构图。

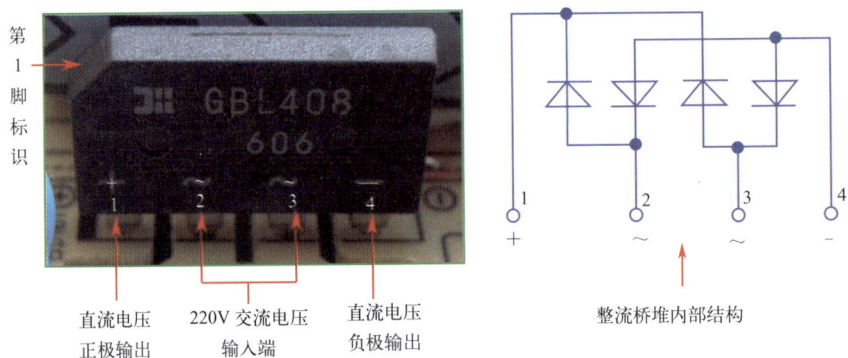

图 2-24　单相整流桥堆引脚和内部结构图

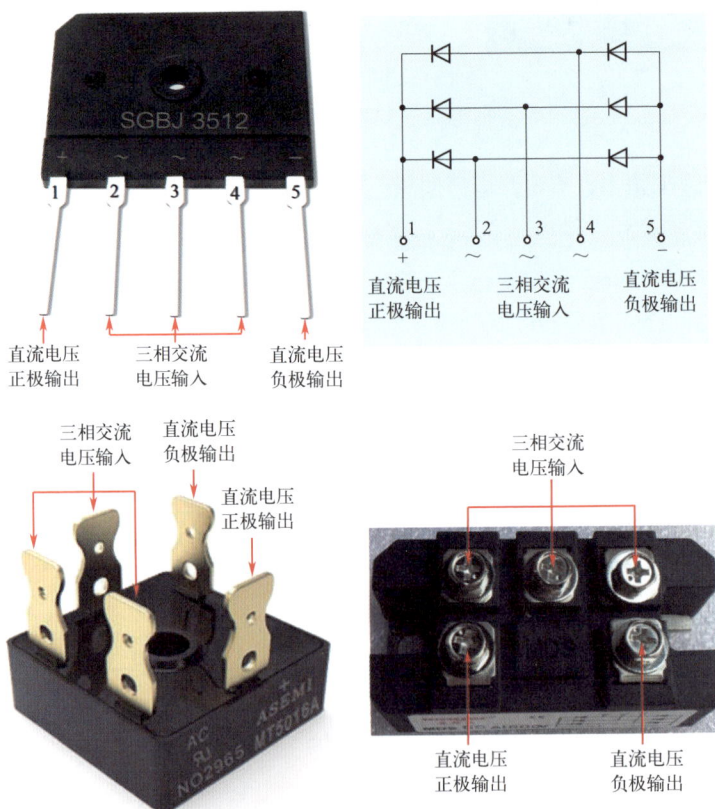

图 2-25　三相整流桥堆引脚和内部结构图

　　图 2-25 中的整流桥堆的 5 个引脚中,中间 3 个引脚为交流电压输入端,两边 2 个引脚为直流电压输出端。

三相整流桥堆组成的三相桥式整流电路主要负责将经过滤波后的 380V 交流电压，进行全波整流，转变为直流电压，然后再经过滤波后将电压变为 380V 电压的 1.414 倍，即 537V 直流电压。三相整流桥堆的工作原理与三相桥式整流电路相同，参考 2.1.2 小节内容。

### 2.2.3　变频电路中限流电路运行原理

　　伺服驱动器与变频器的限流电路的作用相同，即用来抑制浪涌电流。伺服驱动器中通常使用由 NTC 热敏电阻和继电器组成的限流电路。

　　为什么用 NTC 热敏电阻作为限流电阻？这是由于在上电时，电路中 NTC 热敏电阻迅速发热、温度升高，其电阻值会在毫秒级的时间内从大阻值迅速下降到一个很小的级别，一般只有零点几欧到几欧的大小，相对于传统的功率阻值限流电阻而言，在 NTC 热敏限流电阻上的功耗降低为原本的几百分之一到几十分之一，非常节能。NTC 热敏电阻与继电器结合，可以使 NTC 热敏电阻仅在产品启动时工作，而当产品正常工作时，由继电器将 NTC 热敏电阻从工作电路中切去，从而保证热敏电阻有充分的冷却时间。

　　伺服驱动器中限流电路主要由 NTC 热敏电阻、继电器、光耦合器、处理器（CPU）等元器件组成。如图 2-26 所示为伺服驱动器限流电路运行原理。

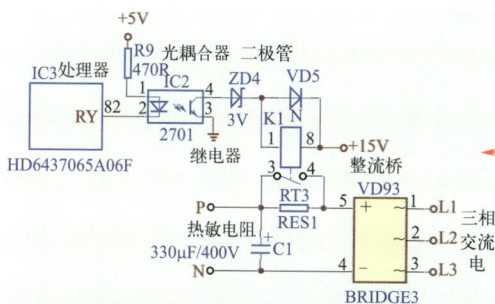

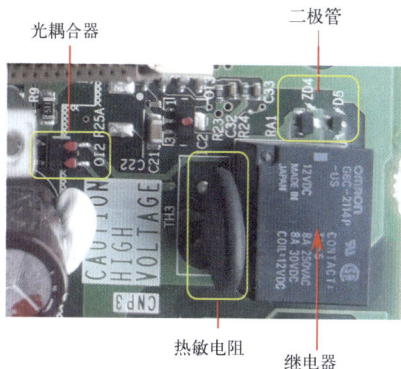

①当伺服驱动器上电瞬间，电流流过 NTC 热敏电阻 RT3 后，热敏电阻 RT3 会将浪涌电流控制在 30A 左右（抑制前在 310A 左右），之后在开关电路工作正常，伺服驱动器的控制电路正常启动工作后，处理器 IC3 会从第 82 脚发出低电平控制信号到限流电路中的光耦合器 IC2 的第 2 脚。

②接着 +5V 电压经过光耦合器 IC2 的第 1 脚流过内部发光二极管使其发光，然后光耦合器 IC2 内部的光敏三极管导通，+15V 电压流过继电器 K1 线圈（第 1、8 脚）加到稳压二极管 ZD4，使稳压二极管 ZD4 击穿，然后从光耦合器 IC2 的第 4 脚流过其内部的光敏三极管后从第 3 脚流出接地。

③继电器 K1 线圈得电后吸合，其内部的常开触点 3—4 导通（第 3 脚和第 4 脚），这时整流之后的直流电流绕过热敏电阻 RT3 直接从继电器 K1 的常开触点 3—4 流过，此时将 NTC 热敏电阻 RT3 从工作电路中切去。

图 2-26　伺服驱动器限流电路运行原理

### 2.2.4 变频电路中直流滤波电路运行原理

与变频器的直流滤波电路一样，伺服驱动器中的直流滤波电路也是用来过滤电路中无用的交流电波，使直流电波形变得纯净，并降低噪声水平。同时，滤波电容也用来存储和释放电能，平滑输出的直流电压信号，提高整流电路的效率，并能提高整流电路的负载能力。

在伺服驱动器电路中，通常会将多个滤波电容并联或串联或混合连接使用，来增加总容量或总耐压值。如图 2-27 所示为伺服驱动器直流滤波电路中滤波电容器并联的电路图及实物图。

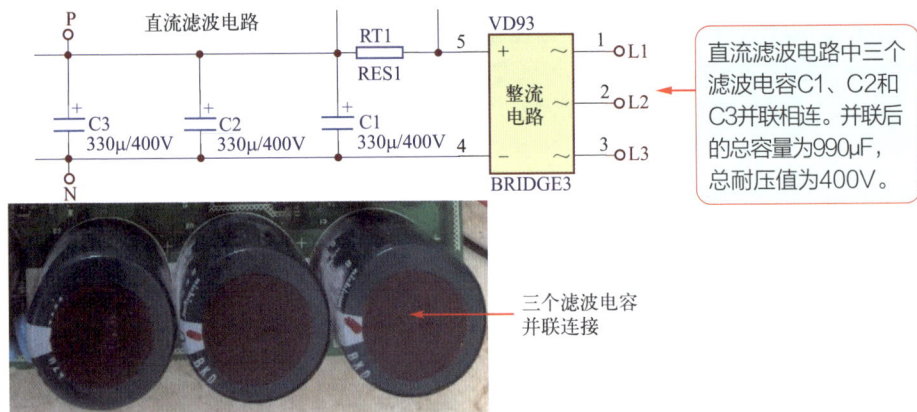

图 2-27　两个滤波电容器并联电路图及实物图

### 2.2.5 IPM 模块电路运行原理

很多伺服驱动器都采用 IPM 模块来实现变频，把频率为 50Hz 的交流电转变为驱动伺服电动机工作的一定频率的交流电。

什么是 IPM 模块呢？IPM 是智能功率模块（intelligent power module）的缩写，它集成了逆变电路中的 IGBT、驱动电路、保护电路、制动单元等。IPM 模块通常具有过压、过温、短路等保护，以及故障诊断和报告功能，可以有效提高系统的可靠性。

#### 1）IPM 模块详解

如图 2-28 所示为 IPM 模块的内部结构图（以 PS21867 模块为例讲解）。

图中，IPM 模块主要是由上桥驱动电路（HVIC）、下桥驱动电路（LVIC）和 IGBT 组成，从结构图可以看出 HVIC 和 LVIC 分别控制上桥 IGBT（IGBT1 ~ IGBT3）和下桥 IGBT（IGBT4 ~ IGBT6）。

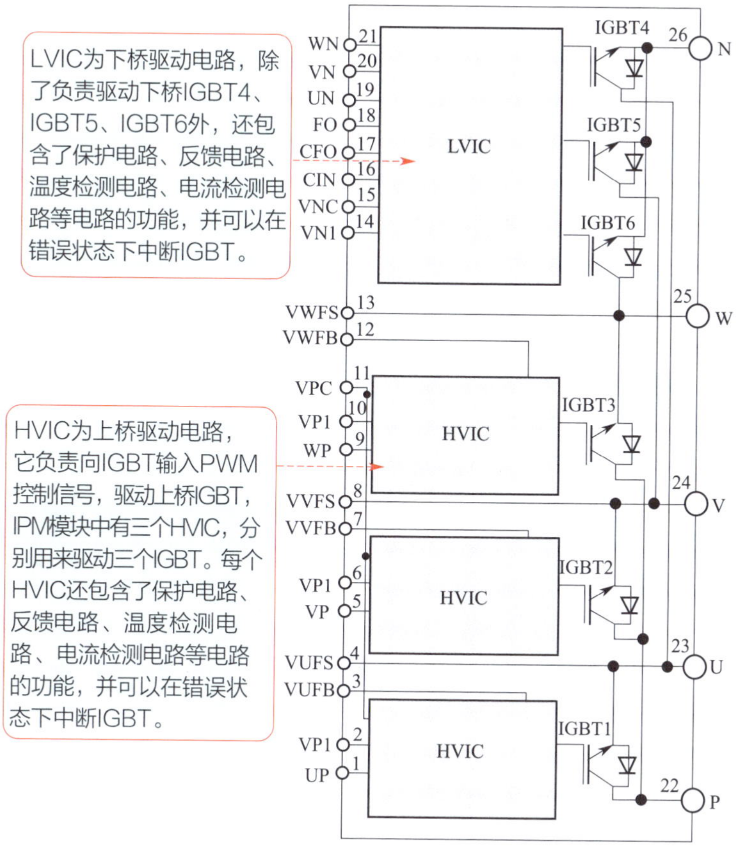
LVIC为下桥驱动电路，除了负责驱动下桥IGBT4、IGBT5、IGBT6外，还包含了保护电路、反馈电路、温度检测电路、电流检测电路等电路的功能，并可以在错误状态下中断IGBT。
HVIC为上桥驱动电路，它负责向IGBT输入PWM控制信号，驱动上桥IGBT，IPM模块中有三个HVIC，分别用来驱动三个IGBT。每个HVIC还包含了保护电路、反馈电路、温度检测电路、电流检测电路等电路的功能，并可以在错误状态下中断IGBT。
WN 21
VN 20
UN 19
FO 18
CFO 17
CIN 16
VNC 15
VN1 14
LVIC
IGBT4
IGBT5
IGBT6
26 N
VWFS 13
VWFB 12
25 W
VPC 11
VP1 10
WP 9
HVIC
IGBT3
VVFS 8
VVFB 7
24 V
VP1 6
VP 5
HVIC
IGBT2
VUFS 4
VUFB 3
23 U
VP1 2
UP 1
HVIC
IGBT1
22 P

图 2-28　IPM 模块的内部结构图

IPM 模块各个引脚的功能如表 2-1 所示。

表 2-1　IPM 模块引脚功能

| 引脚 | 引脚名称 | 功能 |
|---|---|---|
| 1 | UP | U 相上桥控制信号 |
| 2 | VP1 | IPM 内部集成的上桥驱动芯片电源供电端 |
| 3 | VUFB | U 相上桥驱动电源端 |
| 4 | VUFS | U 相上桥驱动接地端，此引脚和 U 引脚是相通的 |
| 5 | VP | V 相上桥控制信号 |
| 6 | VP1 | IPM 内部集成的上桥驱动芯片电源供电端 |
| 7 | VVFB | V 相上桥驱动电源端 |
| 8 | VVFS | V 相上桥驱动接地端，此引脚和 V 引脚是相通的 |
| 9 | WP | W 相上桥控制信号 |
| 10 | VP1 | IPM 内部集成的上桥驱动芯片电源供电端 |

| 引脚 | 引脚名称 | 功能 |
|---|---|---|
| 11 | VPC | 接地端 |
| 12 | VWFB | W 相上桥驱动电源端 |
| 13 | VWFS | W 相上桥驱动接地端，此引脚和 W 引脚是相通的 |
| 14 | VN1 | IPM 内部集成的下桥驱动芯片电源供电端 |
| 15 | VNC | 接地端 |
| 16 | CIN | 电流检测端，它外接一个 100Ω 的电阻，然后接到 N 引脚 |
| 17 | CFO | 故障解除延时引脚，它连接一个电容，电容的容量决定延时时间 |
| 18 | FO | 故障输出端，常态为高电平，有故障时（如过流、欠压故障）输出低电平，VN1 电压小于 12V 为欠压，CIN 电压大于 0.5V 为过压 |
| 19 | UN | U 相下桥控制信号 |
| 20 | VN | V 相下桥控制信号 |
| 21 | WN | W 相下桥控制信号 |
| 22 | P | 母线电压正端 |
| 23 | U | U 相电压输出端 |
| 24 | V | V 相电压输出端 |
| 25 | W | W 相电压输出端 |
| 26 | N | 母线电压接地端 |

如图 2-29 所示为 IPM 模块电路图，该 IPM 模块电路主要由 VD93（BRIDGE3）三相整流桥堆，滤波电容 C1、C2、C3，IPM（PS21867），光耦合器 IC8、IC9、IC10、IC11、IC12、IC13、IC16，反相器 IC15（AC04），二极管，三极管，电阻等元器件组成。

电路中，三相交流电源通过 L1、L2、L3 接入伺服驱动器，首先进入 VD93 三相整流桥堆进行整流（三相整流桥堆运行原理参考 2.2.2 小节内容），然后经过滤波电容 C1、C2、C3 滤波后，输出 537V 左右的直流电压。此直流电压直接进入 IPM 模块进行逆变处理，将高压直流电逆变为一定频率的交流电。

**2）IPM 模块连接的隔离电路**

图 2-29 中 IPM 模块连接的光耦合器（IC8 ～ IC13）组成的电路主要起到信号隔离的作用，隔离电路一端连接处理器（CPU），另一端连接 IPM 模块中的驱动电路。如图 2-30 和图 2-31 所示为 PS9114 光耦合器内部结构和光耦合器电路。

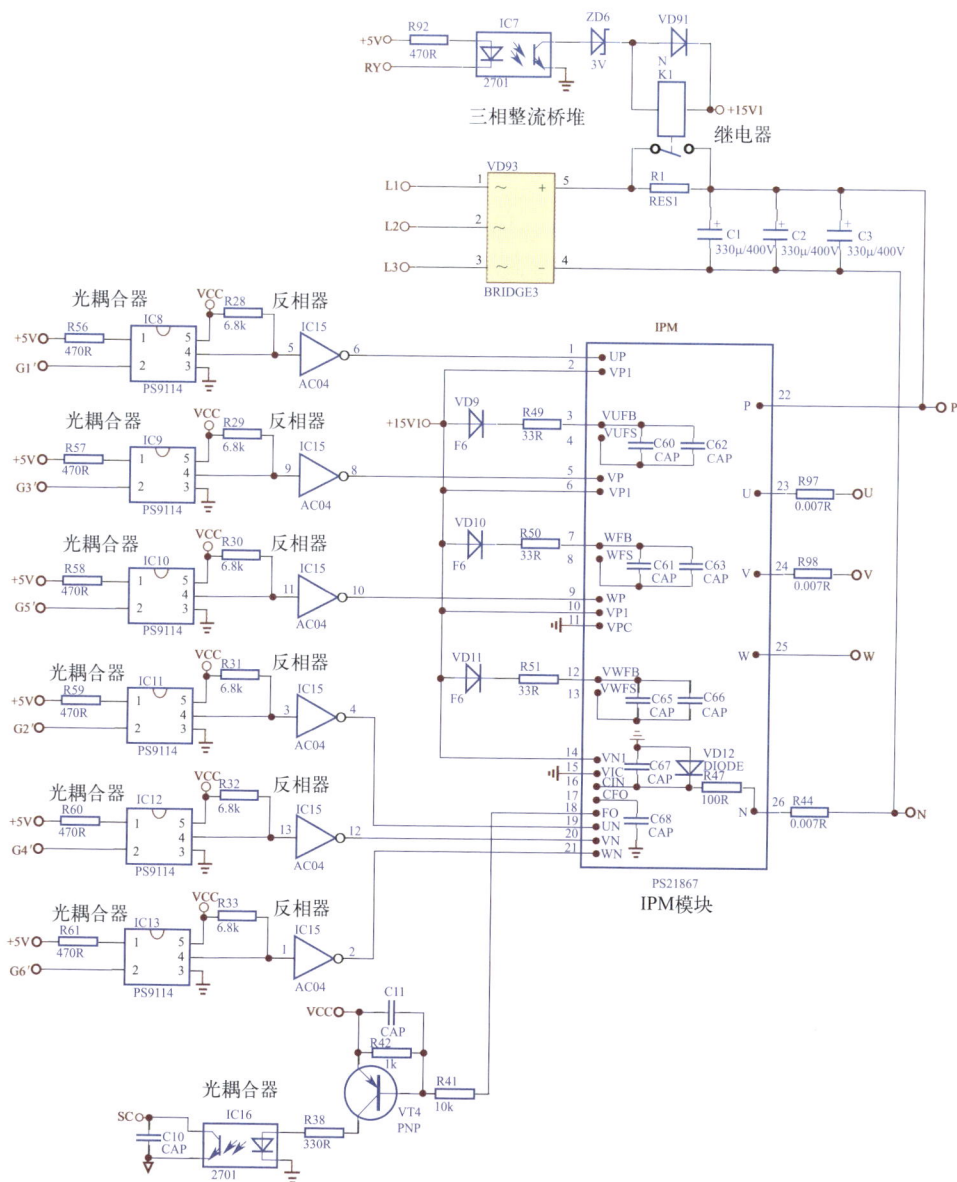

图 2-29 IPM 模块电路图

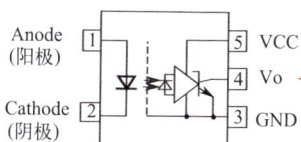

与普通光耦合器不同的是此光耦为集成电路型光耦合器，其输入侧发光管采用了延迟效应低微的新型发光材料，输出侧由门电路和肖特基晶体管构成，使工作性能大为提高。

图 2-30 PS9114 光耦合器内部结构

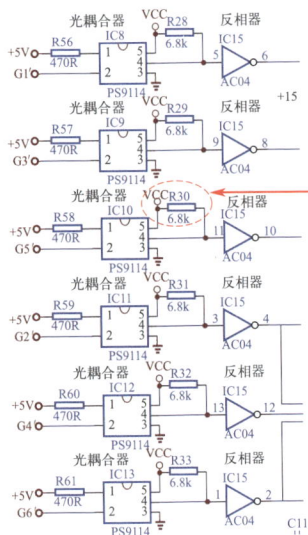

①光耦合器（IC8~IC13）的供电为VCC（+5V），PS9114光耦合器的第4脚输出端都接一个上拉电阻（如图中IC10第4脚连接的电阻R30，注意有的型号的光耦合器的输出端不需要上拉电阻），因为光耦只是进行信号的传输，并没有驱动能力，所以要用一个上拉电阻来实现信号的驱动。

②当电路没有运行时，光耦合器IC10的第2脚G5′没有脉冲驱动信号，其内部的发光二极管不发光，内部光敏三极管不导通，VCC（+5V）电压经上拉电阻R30后经第4脚输出高电平。此高电平信号经反相器IC15处理后输出低电平信号。

③当电路开始运行后，CPU送过来低电平信号，IC10的第2脚G5′变为低电平，光耦合器内部的发光二极管开始发光，内部光敏三极管导通，VCC（+5V）电压经上拉电阻R30后从第4脚进入光耦合器从第3脚接地。此时第4脚输出低电平信号，此低电平信号经反相器IC15处理后输出高电平信号。

IPM模块连接的光耦合器

反相器

图2-31　光耦合器电路

　　如果想手动触发此IPM模块，需要将5V供电接光耦合器IC8（PS9114）的第5脚VCC，将17V供电接IPM模块（PS21867）第2脚VP1电源供电端，然后将连接IPM内部逆变电路中下桥3个IGBT的3个光耦合器（IC11、IC12、IC13）的第3、4脚短接。

　　如果想手动触发IPM内部逆变电路中上桥3个IGBT，需要先将IPM模块的VUFB脚、VVFB脚、VWFB脚分别连接的两个并联自举电容（如VUFB脚连接的电容C60和C62）充电。给电容器充电的方法是，分别将IPM模块的W、V、U引脚和N脚用导线短接，这样自举电容就可以充电了。

### 3）IPM 模块故障检测电路

IPM 模块故障检测电路运行原理如图 2-32 所示，图中 IPM 模块故障检测电路主要由 IPM 模块（PS21867）、三极管 VT4、光耦合器 IC16（2701）、电阻、电容等组成。

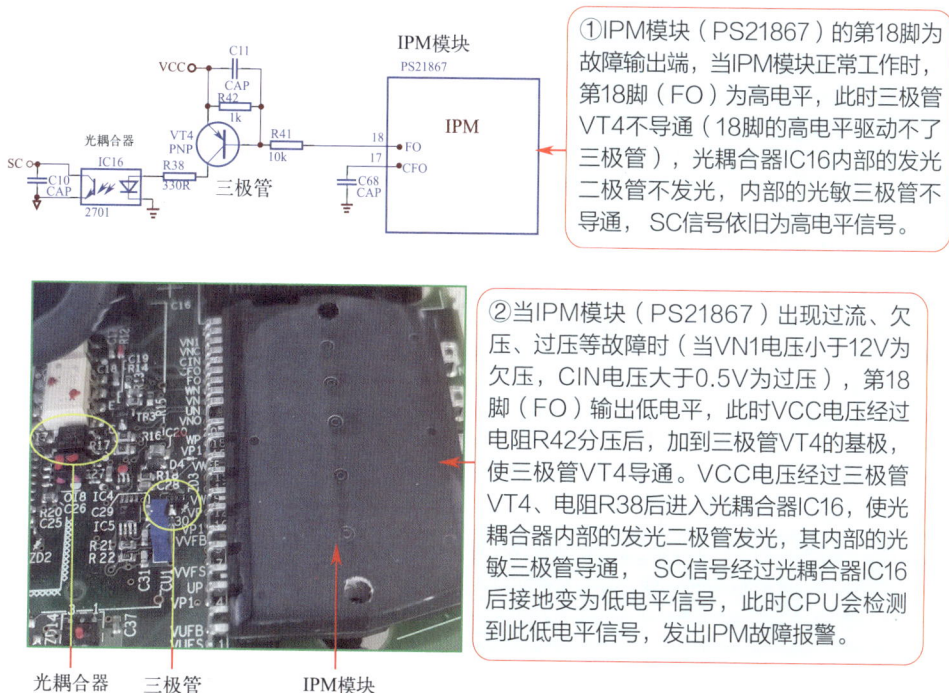

①IPM模块（PS21867）的第18脚为故障输出端，当IPM模块正常工作时，第18脚（FO）为高电平，此时三极管VT4不导通（18脚的高电平驱动不了三极管），光耦合器IC16内部的发光二极管不发光，内部的光敏三极管不导通，SC信号依旧为高电平信号。

②当IPM模块（PS21867）出现过流、欠压、过压等故障时（当VN1电压小于12V为欠压，CIN电压大于0.5V为过压），第18脚（FO）输出低电平，此时VCC电压经过电阻R42分压后，加到三极管VT4的基极，使三极管VT4导通。VCC电压经过三极管VT4、电阻R38后进入光耦合器IC16，使光耦合器内部的发光二极管发光，其内部的光敏三极管导通，SC信号经过光耦合器IC16后接地变为低电平信号，此时CPU会检测到此低电平信号，发出IPM故障报警。

光耦合器　　三极管　　　　IPM模块

图 2-32　IPM 模块故障检测电路运行原理

IPM 模块（PS21867）的第 17 脚（CFO）为故障解除延时引脚，它通过连接电容 C68 设置故障解除延时时间（电容的容量决定延时时间）。

### 2.2.6　制动及制动检测电路运行原理

制动电路的作用是将电动机线圈产生的再生电流通过制动电阻消耗掉，用以保护滤波电路和 IGBT 模块。伺服驱动器与变频器的制动电路类似，在小功率伺服驱动器中，制动单元（包括制动 IGBT、二极管等）往往集成于 IGBT 模块内或设计在电路板中，然后从直流回路引出 PB 或 B、C 或 N（－）端子，由用户根据负载运行情况选配制动电阻。但较大功率的伺服驱动器则一般由用户根据负载运行情况选配制动单元和制动电阻，接在 PB 或 B、C 或 N（－）端子。

伺服驱动器制动电路包括制动控制电路和制动故障检测电路，下面分别分析。

## 1）制动控制电路运行原理

如图 2-33 所示为伺服驱动器的制动电路原理图。图中，制动电阻外接在 P 和 C 端子之间，电路中 IC509 为处理器（CPU），IC6（P701）为集成电路型光耦合器，用来驱动制动 IGBT（VT2），电路中电阻 R513 作用是防止 IGBT 击穿损坏，稳压二极管 ZD512 的作用是防止 IGBT 的控制端接入的电压过高而损坏，当控制端电压超过 18V 时，稳压二极管 ZD512 导通，从而保护 IGBT。

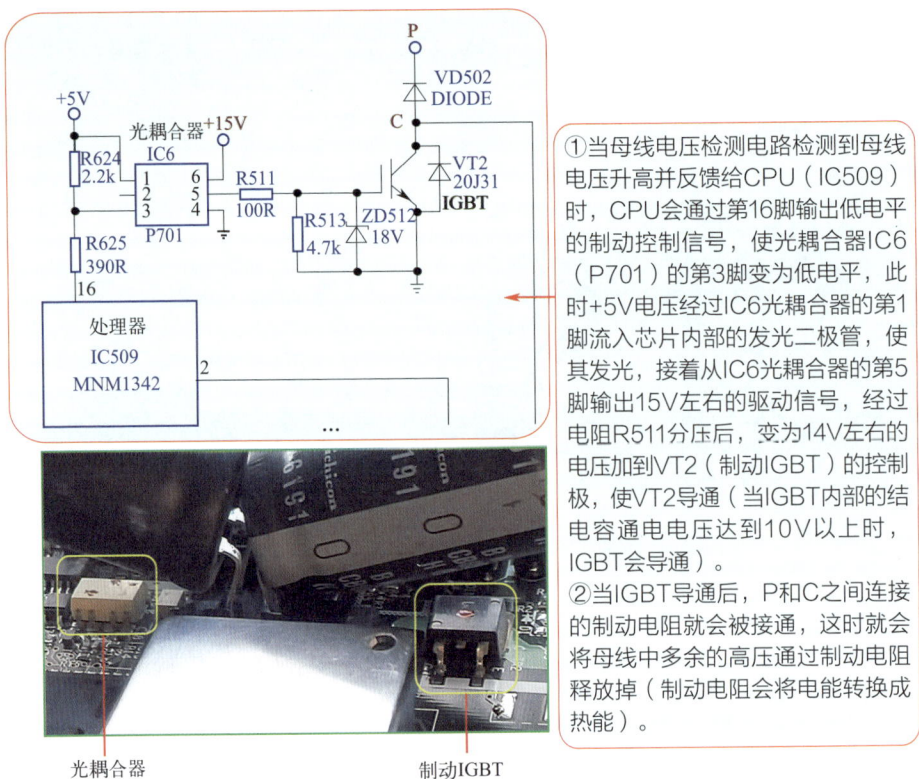

①当母线电压检测电路检测到母线电压升高并反馈给CPU（IC509）时，CPU会通过第16脚输出低电平的制动控制信号，使光耦合器IC6（P701）的第3脚变为低电平，此时+5V电压经过IC6光耦合器的第1脚流入芯片内部的发光二极管，使其发光，接着从IC6光耦合器的第5脚输出15V左右的驱动信号，经过电阻R511分压后，变为14V左右的电压加到VT2（制动IGBT）的控制极，使VT2导通（当IGBT内部的结电容通电电压达到10V以上时，IGBT会导通）。

②当IGBT导通后，P和C之间连接的制动电阻就会被接通，这时就会将母线中多余的高压通过制动电阻释放掉（制动电阻会将电能转换成热能）。

图 2-33　伺服驱动器的制动电路原理图

### 2）制动电路故障检测电路的运行原理

制动电路故障检测电路的作用是检测制动电路是否正常，当 IGBT 一直导通或者光耦合器 IC6 的第 5 脚一直输出高电平驱动信号，处理器（CPU）就会发出报警信号，报制动电路异常。

如图 2-34 所示为制动电路故障检测电路原理图。制动电路故障检测电路主要由光耦合器（IC5）、CPU（IC509）、电阻、电容等组成。

①当制动电路不工作时，P端电位与C端电位相同，都为P+电压，由于光耦合器（IC5）的第1和2脚都为P+电压，电位相同，因此光耦合器（IC5）内部的发光二极管没有电流流过，不会发光，这时光耦合器（IC5）内部的光敏三极管也就处于截止状态，即光耦合器（IC5）的第4脚为低电平，其连接的CPU（IC509）第2脚也就为低电平。CPU内部电路检测到低电平就会认为制动电路正常。

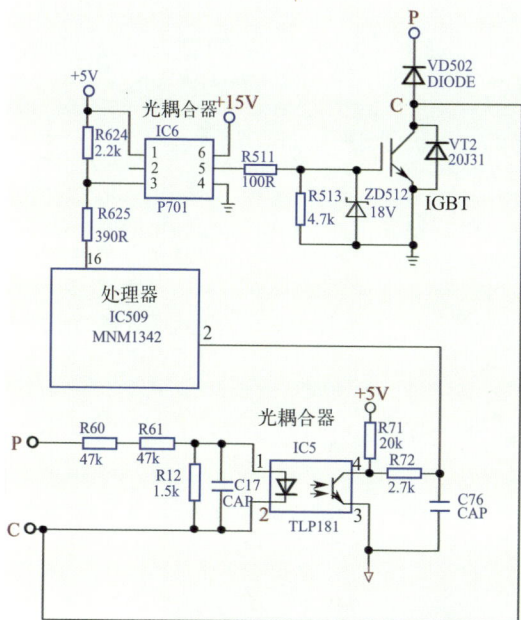

②当IGBT（VT2）短路损坏，则C端直接接地，这时P+电压会从P端流向C端，即P+电压经电阻R60、R61、R12分压后，从光耦合器（IC5）的第1脚流过第2脚，流向C端。这时光耦合器内部的发光二极管发光，同时其内部的光敏三极管会导通，+5V电压经过电阻R71后进入光耦合器的第4脚，从第3脚流出接地。此时光耦合器（IC5）的第4脚输出高电平信号，此信号将CPU（IC509）的第2脚电压变为高电平。CPU内部电路检测到第2脚的高电平信号后，会认为制动电路故障，同时发出制动电路异常的报警。

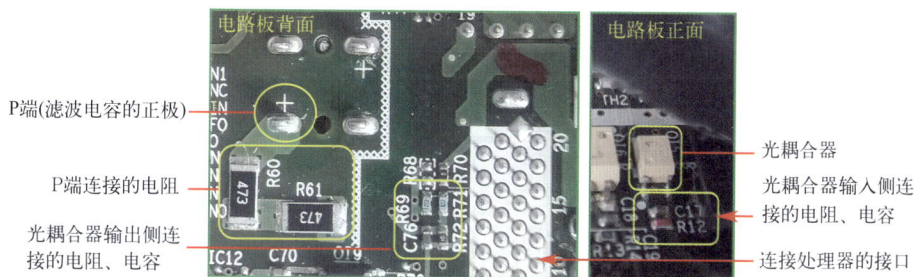

图 2-34 伺服驱动器的制动电路故障检测电路原理图

## 2.2.7 输出端电流检测电路运行原理

伺服驱动器输出端电流检测电路用来检测 IPM 模块输出的电压是否正常。一般伺服驱动器输出端电流检测电路采用毫欧级电阻作为采样电阻，利用导通电压降取得输出电流信号。如图 2-35 所示为伺服驱动器 V 相和 U 相输出端的电流检测电路，下面以 U 相电流检测电路为例讲解其运行原理，V 相相同。

提示 由于 U、V、W 三相的电流和为 0，如果知道其中两相的电流值，就可以计算出另外一相的电流值，因此输出端电流检测电路只有两相的检测电路。

输出端电流检测电路主要由毫欧级电阻（R97 和 R98）、线性光耦合器（IC3 和 IC4）、5V 线性稳压器（IC1 和 IC2）、电阻、电容、滤波电感（L1 ~ L4）等组成。

①VU+电压首先进入线性稳压器IC1（78L05）的输入端（第2脚），稳压器的第1脚（接地脚）连接滤波电容C17的负极端后，再连接到IPM模块的U端。当IPM模块中集成的下桥IGBT导通时，IPM模块的U端与N端接通，这时U端连接到了接地端，此时IC1（78L05）的第1脚（接地脚）和滤波电容C17被接地开始工作，然后经过稳压器稳压后从第3脚输出5V电压。此电压经过滤波电容C17滤波后，进入A7860L光耦合器（IC3）的第1脚为其供电。

②注意，在IPM模块的上桥IGBT导通时，IC1稳压器的第1脚没有接地，不工作，A7860L的第1脚没有供电电压，同时，A7860L的第4脚（接地脚）直接接到IPM模块的U相端，同样也没有接地，因此A7860L也没有工作。

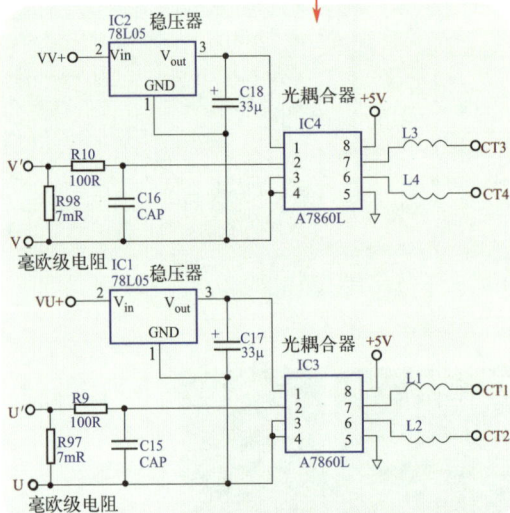

③IPM输出端U串联一个取样的毫欧级电阻R97（电流检测电路中毫欧级电阻的电压波形为正弦波，当流过毫欧级电阻的电流增大，其波形的幅度会变大），U相输出端电流经过电阻R97后，在电阻上产生150mV左右的电压，此电压信号（此信号为模拟信号）经电阻R9后送入A7860L光耦合器的第2脚，然后经过隔离光耦合器A7860L内部电路转换为数字信号，并放大后，从第6脚输出，再经滤波后，送到主板CPU。当第2脚输入电压比较低时，第6脚输出频率就低，反之输出频率就高。

图 2-35　电流检测电路

图 2-35 电流检测电路中采用的光耦合器 A7860L 为一个线性光耦合器，线性光耦合器内部的输入侧、输出侧电路，不再像普通光耦合器一样只是二极管 / 三极管的简单电路，而是内含放大器，并有各自独立的供电回路，且没有信号输入极性要求，只将输入信号幅度进行线性放大。它的两个信号输入端看作是运算放大器的两个输入端子，能用作微弱电压信号的输入和放大，对差分信号有极高的放大能力。如图 2-36 所示为 A7860L 的内部结构图，如表 2-2 所示为 A7860L 引脚功能详解。

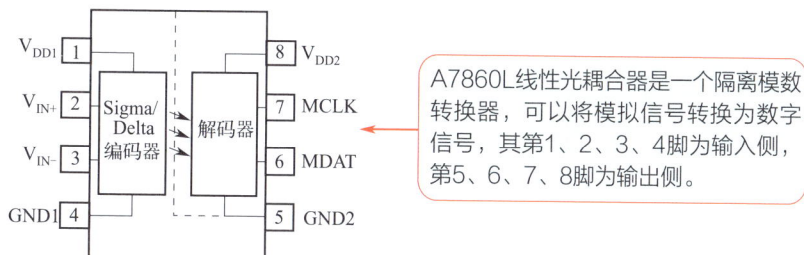

A7860L线性光耦合器是一个隔离模数转换器，可以将模拟信号转换为数字信号，其第1、2、3、4脚为输入侧，第5、6、7、8脚为输出侧。

图 2-36　A7860L 的内部结构图

表 2-2　A7860L 引脚功能详解

| 引脚号 | 引脚名称 | 功能 |
|---|---|---|
| 1 | $V_{DD1}$ | 输入侧供电端 |
| 2 | $V_{IN+}$ | 正信号输入端，一般输入的信号电压为 ±200mV 模拟信号 |
| 3 | $V_{IN-}$ | 负信号输入端 |
| 4 | GND1 | 输入侧接地端 |
| 5 | GND2 | 输出侧接地端 |
| 6 | MDAT | 串行数据输出端 |
| 7 | MCLK | 时钟输出端，它输出的是一个 10MHz 的脉冲信号 |
| 8 | $V_{DD2}$ | 输出侧供电端，供电电压为 +5V |

# 第 3 章

# 维修工具使用实战

在维修变频电路时，经常要用到一些检测工具。正确应用、保养这些工具，对维修操作很有益处。本章将详细讲解变频电路维修时常用的一些维修工具的使用操作实战。

## 3.1 万用表测量电路实战

万用表是一种多功能、多量程的测量仪表。万用表有很多种，目前常用的有指针万用表和数字万用表两种。万用表可测量直流电流、直流电压、交流电流、交流电压、电阻和音频电平等，是电工和电子维修中必备的测试工具。

### 3.1.1 数字万用表测量实战

#### 1）看图识数字万用表

数字万用表的最主要特征是有一块液晶显示屏。数字万用表具有显示清晰、读取方便、灵敏度高、准确度高、过载能力强、便于携带、使用方便等优点。数字万用表主要由液晶显示屏、挡位功能区、挡位选择钮、表笔插孔、三极管插孔、电容测量插孔等组成。如图 3-1 所示。

> **提示** 有的万用表没有电源开关键而是在功能区有个 OFF 挡，将挡位旋钮调到 OFF 挡可以实现关机。当测量电压、电阻、频率和温度时，将红表笔插 VΩHz℃ 插孔；测量电流时，根据电流大小，将红表笔插 A 插孔或 mA 插孔。

数字万用表的挡位比较多，在表盘上可以看到很多符号和挡位，表盘上的每一个圆点都对应一个挡位。数字万用表的挡位主要分为：欧姆挡、交流电压挡、直流电压挡、交流电流挡、直流电流挡、二极管挡、三极管挡、电容挡、温度挡、蜂鸣挡等挡位。一般二极管挡和蜂鸣挡在一个挡位，需要通过 SEL 按键进行切换。如图 3-2 所示为数字万用表的挡位符号。

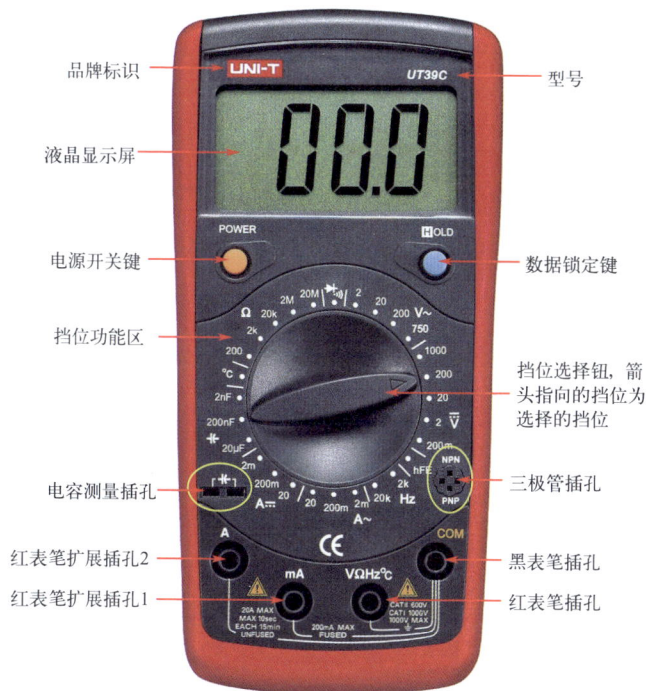

品牌标识　　型号
液晶显示屏
电源开关键　　数据锁定键
挡位功能区
挡位选择钮，箭头指向的挡位为选择的挡位
电容测量插孔　　三极管插孔
红表笔扩展插孔2　　黑表笔插孔
红表笔扩展插孔1　　红表笔插孔

图 3-1　数字万用表

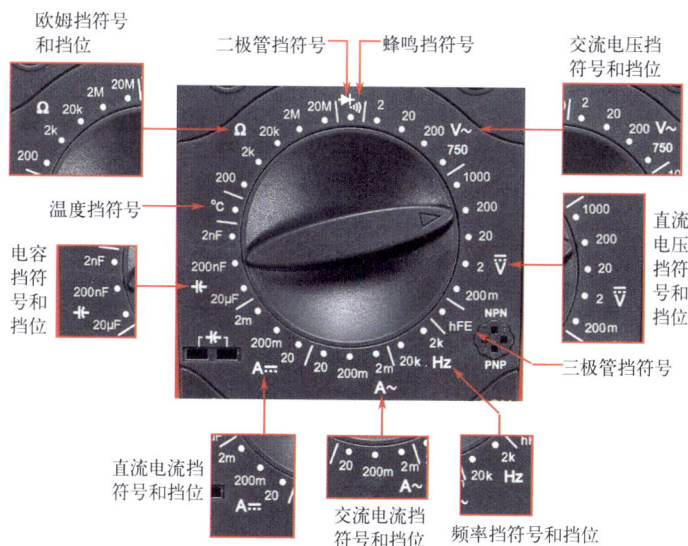

欧姆挡符号和挡位
二极管挡符号　蜂鸣挡符号
交流电压挡符号和挡位
温度挡符号
直流电压挡符号和挡位
电容挡符号和挡位
三极管挡符号
直流电流挡符号和挡位
交流电流挡符号和挡位
频率挡符号和挡位

图 3-2　数字万用表的挡位符号

## 2）数字万用表测量电路通断实战

在检查电路板的线路是否发生断路故障时，可以使用数字万用表的蜂鸣挡来测量。具体方法如图 3-3 所示（每个型号的数字万用表挡位和插孔虽略有不同但用法基本相同）。

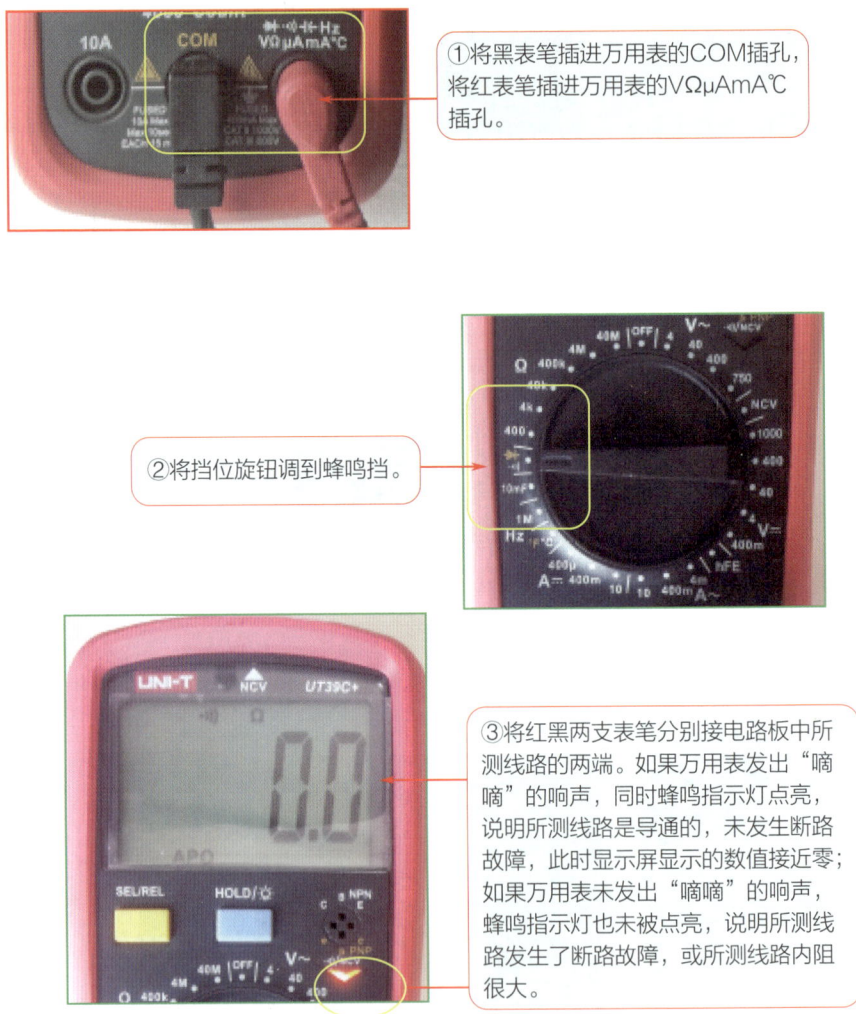

①将黑表笔插进万用表的COM插孔，将红表笔插进万用表的VΩμAmA℃插孔。

②将挡位旋钮调到蜂鸣挡。

③将红黑两支表笔分别接电路板中所测线路的两端。如果万用表发出"嘀嘀"的响声，同时蜂鸣指示灯点亮，说明所测线路是导通的，未发生断路故障，此时显示屏显示的数值接近零；如果万用表未发出"嘀嘀"的响声，蜂鸣指示灯也未被点亮，说明所测线路发生了断路故障，或所测线路内阻很大。

图 3-3　用数字万用表测量电路通断

## 3）数字万用表测量直流电压实战

用数字万用表测量直流电压的方法如图 3-4 所示（每个型号的数字万用表挡位和插孔虽略有不同但用法基本相同）。

①因为本次是对电压进行测量，所以将黑表笔插进万用表的COM插孔，将红表笔插进万用表的VΩμAmA℃插孔。

②将挡位旋钮调到直流电压挡，选择40V挡（选择比估测值大的挡位即可）。

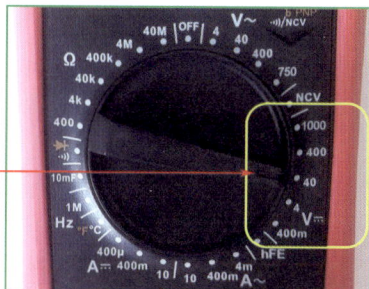

③将两表笔分别接电源的两极，正确的接法应该是红表笔接正极，黑表笔接负极。读数，若测量数值为"1."，说明所选量程太小，需改用大量程。如果数值显示为负，代表极性接反，需调换表笔。表中显示的1.56V即为所测电源的电压。

图3-4 用数字万用表测量直流电压的方法

#### 4）数字万用表测量二极管实战

一般测量二极管时，都用数字万用表的二极管挡测量二极管的管压降，通过管压降判断二极管的好坏。通常锗二极管的管压降约为 0.15 ~ 0.3V，硅二极管的管压降约为 0.5 ~ 0.8V，发光二极管的管压降约为 1.8 ~ 2.3V。如果测量的二极管正向压降超出这个范围，则二极管损坏。如果反向压降为 0，则二极管被击穿。

用数字万用表测量二极管的方法如图 3-5 所示。

### 3.1.2 指针万用表测量实战

#### 1）看图识指针万用表

指针万用表的最主要特征是带有刻度盘和指针。指针万用表可以显示出所测电路连续变化的情况，且指针万用表电阻挡的测量电流较大，特别适合在路检测元器件。

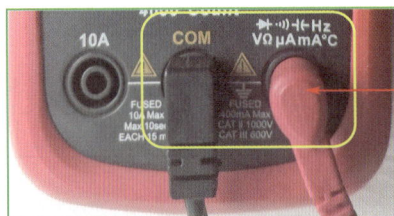

①将黑表笔插进万用表的COM插孔，将红表笔插进万用表的VΩμAmA℃插孔。

提示:当选择二极管挡后，会在显示屏上出现二极管的符号。

②将挡位旋钮调到二极管/蜂鸣挡，一般默认会选择蜂鸣挡，所以接着按SEL/REL按钮切换到二极管挡。

③将红表笔接二极管正极，黑表笔接二极管的负极（有横线的一端为负极），测量其压降。

④显示屏显示的0.549V即为所测二极管的正向压降。

图3-5 用数字万用表测量二极管的方法

指针万用表主要由表盘、功能分区及量程挡、挡位旋钮、欧姆调零旋钮、表笔插孔及三极管插孔等组成，如图 3-6 所示。

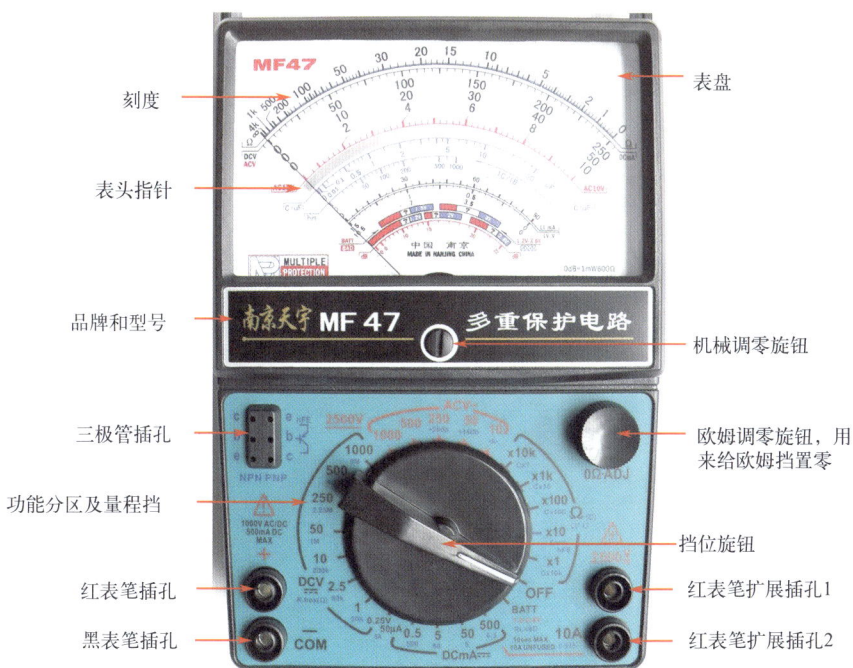

图 3-6　指针万用表

> **提示**　测量 1000V 以内电压、电阻、500mA 以内电流时，红表笔插 "+" 插孔；测量 500mA 以上电流时，红表笔插 10A 插孔；测量 1000V 以上电压时，红表笔插 2500V 插孔。

指针万用表的挡位比较多，在功能区可以看到很多功能符号和挡位。指针万用表的挡位主要分为：欧姆挡（Ω）、交流电压挡（ACV）、直流电压挡（DCV）、直流电流挡（DCmA）、三极管挡等挡位。如图 3-7 所示为指针万用表的挡位符号。

如图 3-8 所示为指针万用表表盘，表盘由表头指针和刻度等组成。

### 2）调整指针万用表的量程实战

使用指针万用表测量时，第一步要选择合适的量程，这样才能测量得准确。

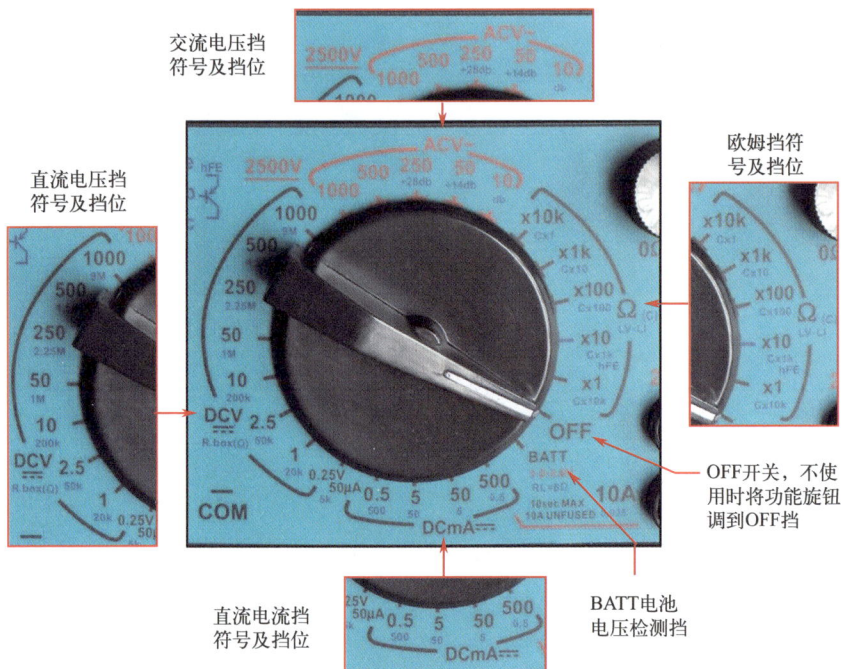

交流电压挡
符号及挡位

直流电压挡
符号及挡位

欧姆挡符
号及挡位

OFF开关，不使
用时将功能旋钮
调到OFF挡

BATT电池
电压检测挡

直流电流挡
符号及挡位

图 3-7　指针万用表的挡位符号

第一条刻度为电
阻值刻度，读数
从右向左读

第二条刻度为交
直流电压、电流刻
度，读数从左向右读

机械调零旋钮。
当万用表水平
放置时，若指
针不在交直流
挡标尺的零刻
度位，可以通
过机械调零旋
钮使指针回到
零刻度

图 3-8　指针万用表表盘

　　指针万用表量程的选择方法如图 3-9 所示。

第一步：试测。先粗略估计所测电阻阻值，再选择合适的量程，如果被测电阻不能估计其阻值，一般情况将开关拨在×100或×1k挡的位置进行初测。

第二步：选择正确的挡位。看指针是否停在中线附近，如果是，说明挡位合适。

如果指针太靠近零位，则要减小挡位；如果指针太靠近无穷大位，则要增大挡位。

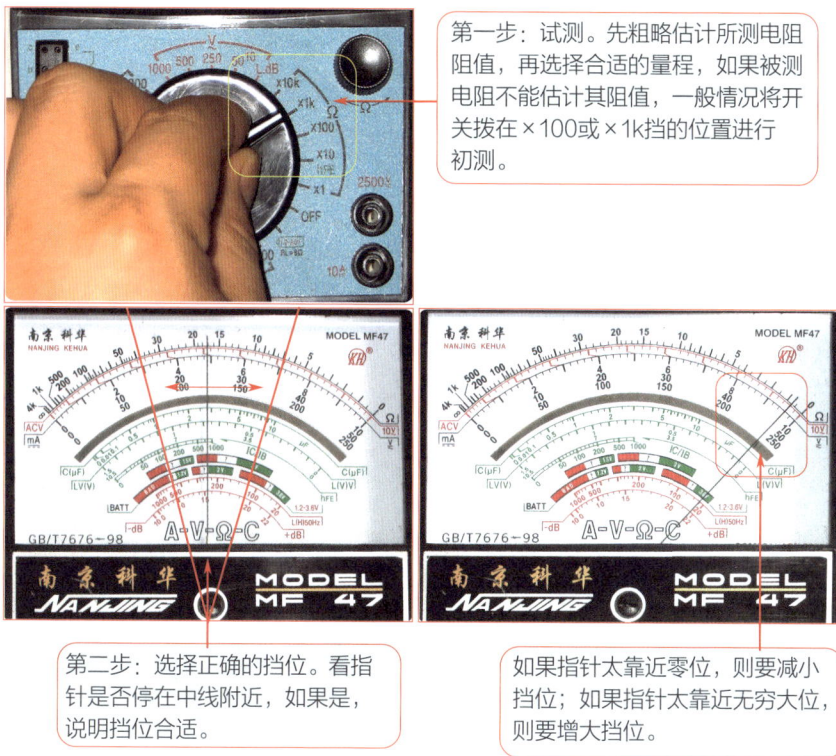

图3-9　指针万用表量程的选择方法

### 3）指针万用表欧姆调零实战

量程选准以后，在正式测量之前必须进行欧姆调零，如图3-10所示。

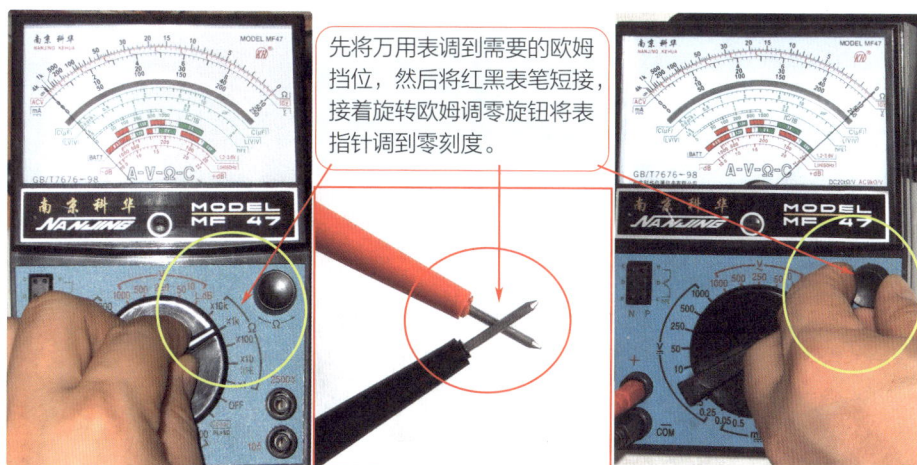

先将万用表调到需要的欧姆挡位，然后将红黑表笔短接，接着旋转欧姆调零旋钮将表指针调到零刻度。

图3-10　指针万用表的欧姆调零

**注意：** 如果换挡，在测量之前必须重新调零一次。

### 4）指针万用表测电阻实战

用指针万用表测电阻的方法如图 3-11 所示。

①根据待测电阻的标称阻值，将指针万用表的挡位调到相应的欧姆挡。比如待测电阻的阻值为17kΩ，就将挡位调到欧姆挡×1k挡。接着进行调零，将红黑两只表笔短接，并旋转欧姆调零旋钮将表指针调到零刻度。

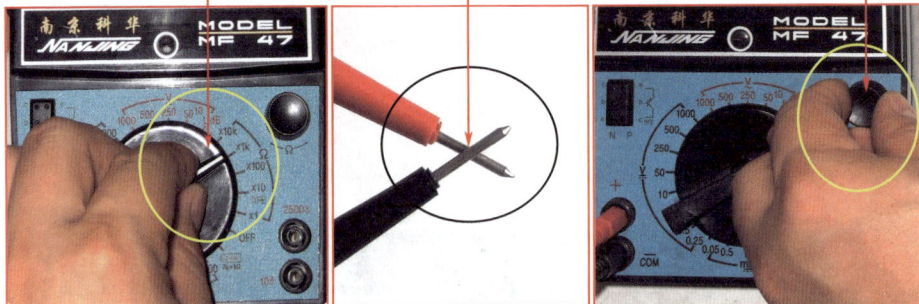

②开始测量，将两只表笔分别接触待测电阻的两端（要求接触稳定）。

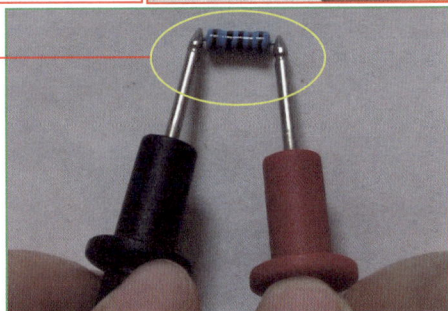

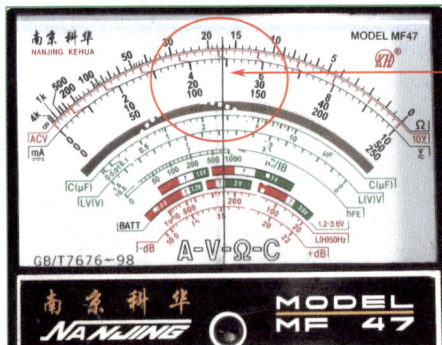

③观察指针偏转情况。如果指针太靠左，那么需要换一个稍大的量程。如果指针太靠右，那么需要换一个较小的量程，直到指针落在表盘的中部（因表盘中部区域测量更精准）。

④读取表针读数，然后将表针读数乘以所选量程倍数，如选用×1k挡测量，指针指示17，则被测电阻值为17×1k＝17kΩ。

图 3-11　用指针万用表测电阻的方法

### 5）指针万用表测量直流电压实战

测量电路的直流电压时，选择万用表的直流电压挡，并选择合适的量程。当被测电压数值范围不清楚时，可先选用较高的量程挡，不合适时再逐步选用低量程挡，使指针停在满刻度的 2/3 处附近为宜。

指针万用表测量直流电压方法如图 3-12 所示。

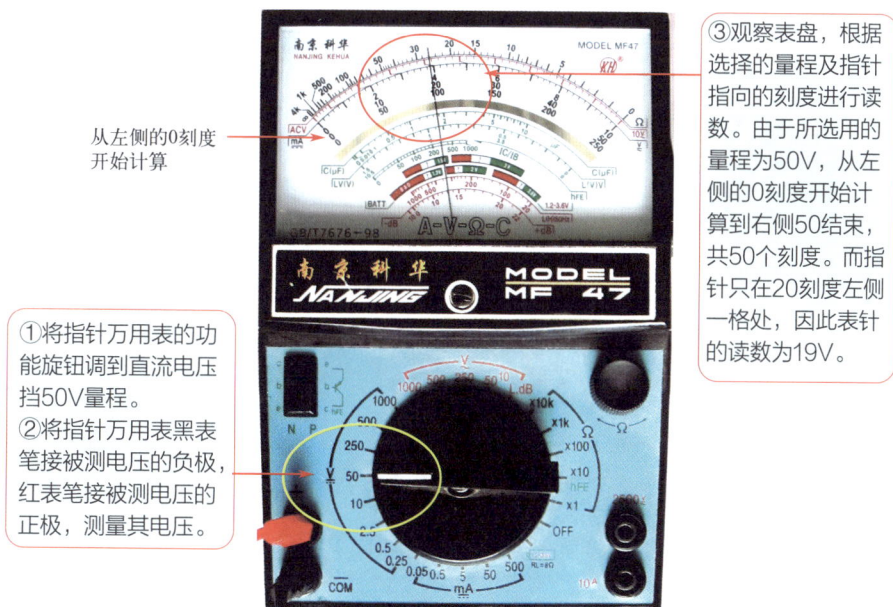

③观察表盘，根据选择的量程及指针指向的刻度进行读数。由于所选用的量程为50V，从左侧的0刻度开始计算到右侧50结束，共50个刻度。而指针只在20刻度左侧一格处，因此表针的读数为19V。

从左侧的0刻度开始计算

①将指针万用表的功能旋钮调到直流电压挡50V量程。
②将指针万用表黑表笔接被测电压的负极，红表笔接被测电压的正极，测量其电压。

图 3-12　指针万用表测量直流电压

## 3.2　数字电桥测量元件实战

数字电桥是一种测量仪器，简单来说就是用于测量电阻、电容、电感等的仪器。数字电桥的测量对象为阻抗元件的参数，包括交流电阻 $R$、电感 $L$ 及其品质因数 $Q$，电容 $C$ 及其损耗因数 $D$。因此，又常称数字电桥为数字式 LCR 测量仪。其测量用频率从 50Hz 到约 100kHz。基本测量误差为 0.02%，一般均在 0.1% 左右。如图 3-13 所示为数字电桥。

### 3.2.1　数字电桥测量电容器实战

测量电容时，将功能模式参数设置为 ECs（Cs）或 ECp（Cp），即测电容，然后设置频率和串并联模式，最后将两个线夹接电容器两只引脚就可以测量了。

一般容量小于 1μF 的电容，采用 1kHz 频率，并联（PAR）方式测量；大于等于 1μF 的非电解电容，采用 100Hz 频率，并联（PAR）方式测量；大于等于 1μF 的电解电容，采用 100Hz 频率，串联（SER）方式测量。测量时除了观察电容容量是否符合标称容量外，还要看 $D$ 值大小。一般 $D$ 值小于 0.1 视为正常，$D$ 值在 0.1 ~ 0.2 之间视为效能变差，$D$ 值大于 0.2 视为损坏。

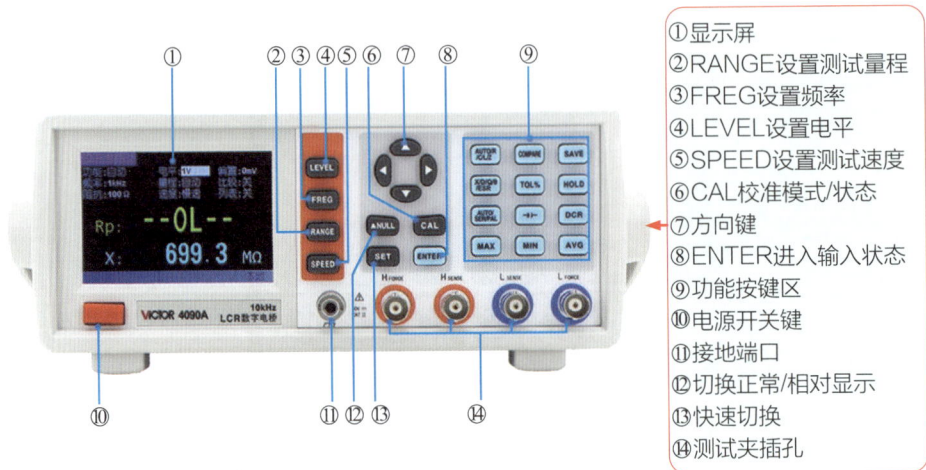

①显示屏
②RANGE设置测试量程
③FREG设置频率
④LEVEL设置电平
⑤SPEED设置测试速度
⑥CAL校准模式/状态
⑦方向键
⑧ENTER进入输入状态
⑨功能按键区
⑩电源开关键
⑪接地端口
⑫切换正常/相对显示
⑬快速切换
⑭测试夹插孔

图 3-13　数字电桥

数字电桥测量电容的方法如图 3-14 所示（以 87μF 的电解电容为例）。

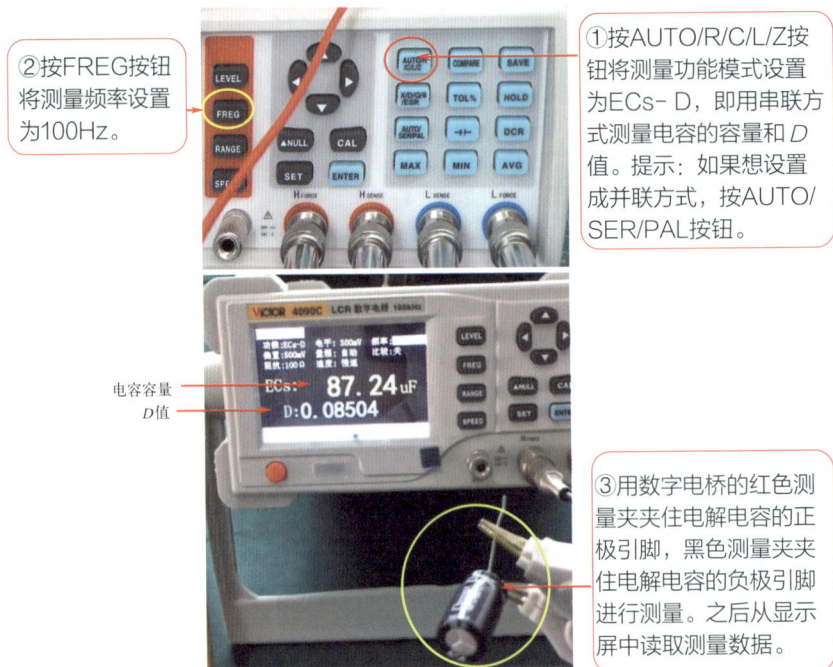

②按FREG按钮将测量频率设置为100Hz。

①按AUTO/R/C/L/Z按钮将测量功能模式设置为ECs- D，即用串联方式测量电容的容量和 $D$ 值。提示：如果想设置成并联方式，按AUTO/SER/PAL按钮。

电容容量
$D$ 值

③用数字电桥的红色测量夹夹住电解电容的正极引脚，黑色测量夹夹住电解电容的负极引脚进行测量。之后从显示屏中读取测量数据。

图 3-14　测量电容

## 3.2.2　数字电桥测量电阻实战

测量电阻时，将功能模式参数设置为 ERs（Rs）或 ERp（Rp）或 DCR，即测电阻，然后设置频率和串并联模式，最后将两个线夹接电阻器两只引脚就可以测量了。

一般阻值小于 10kΩ 的电阻，采用 100Hz 频率，串联（SER）方式测量；大于等于 10kΩ 的电阻，采用 100Hz 频率，并联（PAR）方式测量。由于万用表对于几欧姆以上的电阻，可以基本准确测量出其阻值，但对于 1Ω 以下的电阻，无法准确测量其阻值，而数字电桥可以准确测量小阻值电阻的阻值。因此对于微电阻测试，数字电桥就可以发挥其优势。如电感线圈阻值、变压器线圈阻值等可以用数字电桥准确测量。

数字电桥测量电阻的方法如图 3-15 所示（以 820Ω 的电阻为例）。

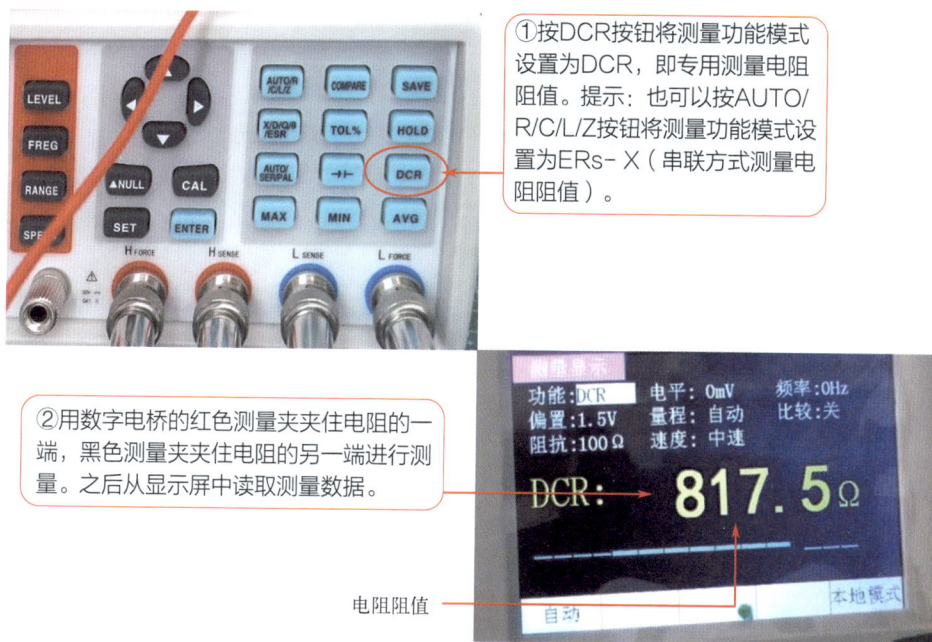

①按DCR按钮将测量功能模式设置为DCR，即专用测量电阻阻值。提示：也可以按AUTO/R/C/L/Z按钮将测量功能模式设置为ERs-X（串联方式测量电阻阻值）。

②用数字电桥的红色测量夹夹住电阻的一端，黑色测量夹夹住电阻的另一端进行测量。之后从显示屏中读取测量数据。

电阻阻值

图 3-15　测量电阻

## 3.2.3　数字电桥测量电感实战

数字电桥除了可以测试电感在不同频率下的电感量，还可以测试电感的 $Q$ 值，我们可以通过对比 $Q$ 值来判断电感的内部损坏情况。

测量电感时，将功能模式参数设置为 ELs（Ls）或 ELp（Lp），即测电感，然后设置频率和串并联模式，最后将两个线夹接电感器两只引脚就可以测量了。

对于电感器通常可以选择 100Hz、1kHz、10kHz 等不同的频率进行测试。一般测试大电感器时（如 1H 电感），采用低频率（如 100Hz），并联方式测量；测试中小电感器时（如 1mH、1μH 电感），采用中频率（如 1kHz），串联方式测量；测试小电感器时（如 1nH 电感），采用高频率（如 10kHz），串联方式测量。

数字电桥测量电感的方法如图 3-16 所示（以 22μH 的电感为例）。

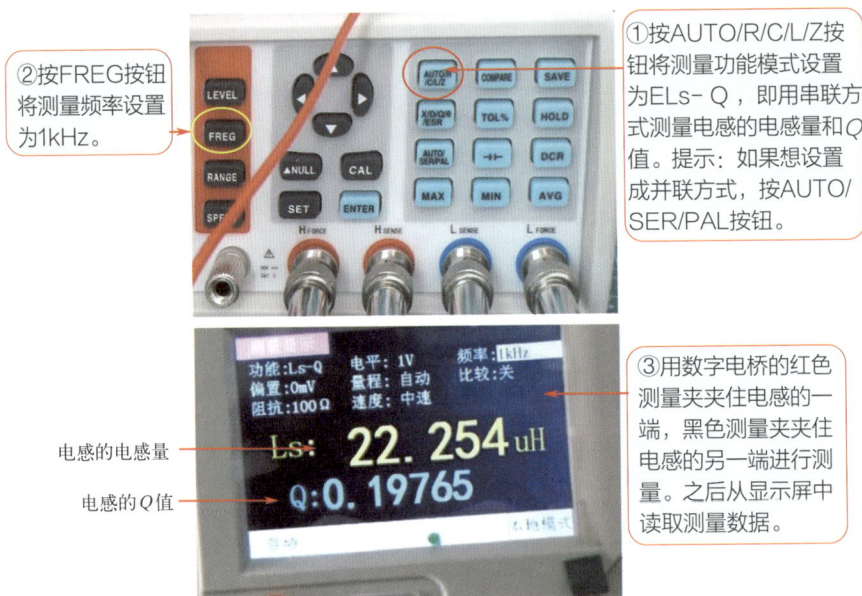

②按FREG按钮将测量频率设置为1kHz。

①按AUTO/R/C/L/Z按钮将测量功能模式设置为ELs- Q，即串联方式测量电感的电感量和$Q$值。提示：如果想设置成并联方式，按AUTO/SER/PAL按钮。

电感的电感量

电感的$Q$值

③用数字电桥的红色测量夹夹住电感的一端，黑色测量夹夹住电感的另一端进行测量。之后从显示屏中读取测量数据。

图 3-16　测量电感

## 3.3　热风枪的焊接芯片实战

热风枪是一种常用于电子焊接的手动工具，通过给焊料（通常是指锡丝）供热，使其熔化，从而达到焊接或拆卸电子元器件的目的。热风枪主要由气泵、线性电路板、气流稳定器、外壳、手柄组件和风枪组成。热风枪外形如图 3-17 所示。

### 3.3.1　热风枪焊接贴片小元器件实战

焊接操作时，热风枪的风枪前端网孔通电时不得插入金属导体，否则会导致发热体损坏甚至使人体触电，发生危险。另外，在使用结束后要注意冷却机身，关电后不要迅速拔掉电源，应等待发热管吹出的短暂冷风结束，以免影响焊台使用寿命。

使用热风枪焊接贴片小元器件（如贴片电阻、贴片电容等）的方法如图 3-18 所示。

风枪

电源开关

风力旋钮

温度旋钮

图 3-17　热风枪

①将热风枪的温度开关调至3级，风速调至2级，然后打开热风枪的电源开关。

②用镊子夹着贴片元器件，将元器件的两端引脚蘸少许焊锡膏。然后将元器件放在焊接位置，将风枪垂直对着元器件加热。

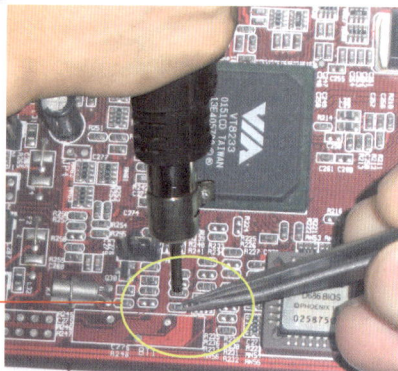

③将风枪嘴在元器件上方2～3cm处对准元器件，加热3s后，待焊锡熔化停止加热。最后用电烙铁给元器件的两个引脚补焊，加足焊锡。

图 3-18　使用热风枪焊接贴片小元器件的方法

> **提示** 　对于贴片小元器件的焊接一般不用电烙铁。用电烙铁焊接时，由于两个焊点的焊锡不能同时熔化，可能焊斜，另一方面焊第二个焊点时由于第一个焊点已经焊好，如果下压，第二个焊点会损坏元器件或第一个焊点。

> **提示** 　用电烙铁拆焊贴片小元器件时，要用两个电烙铁同时加热两个焊点，使焊锡熔化，在焊点熔化状态下用烙铁尖向侧面拨动，使焊点脱离，然后用镊子取下。

### 3.3.2　热风枪拆卸多引脚芯片实战

拆卸多引脚贴片芯片的方法如图 3-19 所示。

①将热风枪的温度开关调至5级，风速调至4级，然后打开热风枪的电源开关。

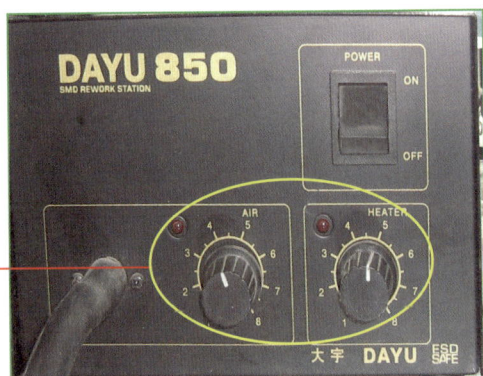

②将要拆卸的芯片周围用防烫胶布粘上，以防在加热芯片的过程中将周围的小元器件吹掉。同时在拆卸的芯片引脚上涂上助焊剂。

③用风枪垂直对着芯片引脚旋转加热，待引脚的焊锡有熔化迹象后，用镊子轻轻地推动一下芯片。

④如果引脚的焊锡完全熔化，芯片就会被推离焊盘，芯片就拆卸完成；如果引脚的焊锡还没完全熔化，则继续加热引脚。

图 3-19　拆卸多引脚贴片芯片的方法

### 3.3.3　热风枪焊接多引脚芯片实战

焊接多引脚贴片芯片的方法如图 3-20 所示。

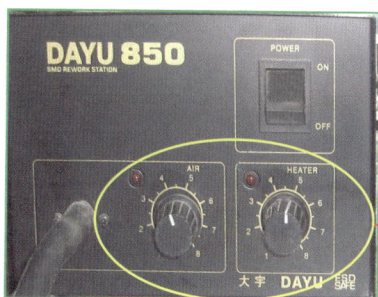

①将热风枪的温度开关调至5级，风速调至4级，然后打开热风枪的电源开关。

②在焊接芯片前，先将焊盘清理干净。用电烙铁和吸锡带在焊盘上加热，将焊盘上原来的焊锡清理干净。

③在焊盘上涂上一些助焊剂。

图 3-20

④在焊盘上涂抹少许的焊锡膏。

⑤将要焊接的芯片放在电路板中的焊接位置，并微调芯片使其引脚正好对准焊盘对应的位置。

⑥用热风枪垂直对着贴片芯片的引脚旋转加热，待焊锡熔化后，停止加热。

⑦焊接完毕后，检查一下有无焊接短路的引脚。如果有，用电烙铁对短路引脚进行加热修复。

图 3-20　焊接多引脚贴片芯片的方法

## 3.4　可调直流稳压电源使用技巧

直流可调稳压电源在检修过程中可代替电源适配器或可充电电池供电，是智能手机检修过程中一种必备的工具设备。

通常在检修故障智能手机的过程中，还可通过直流可调稳压电源显示的数据，判断电路工作状态，从而为故障分析提供相关依据或数据参考。如图 3-21 所示为常见的直流可调稳压电源。

**注意：**如果接入用电设备后发现电压值达不到设定值，这时要观察电流旋钮侧的电流指示灯是否亮，如果亮了，说明电流设定值太小，旋转电流调整旋钮，使电流指示灯熄灭。如果电流旋钮旋到底，电流指示灯仍然不熄灭，那就是用电设备的功率过大，或者是用电设备严重短路。这是可调稳压电源的过流保护功能。

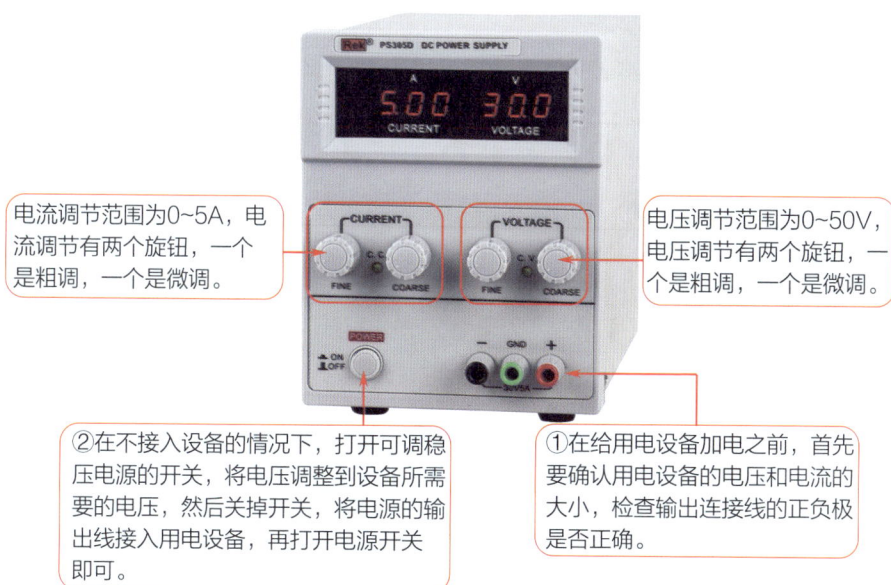

电流调节范围为0~5A，电流调节有两个旋钮，一个是粗调，一个是微调。

电压调节范围为0~50V，电压调节有两个旋钮，一个是粗调，一个是微调。

②在不接入设备的情况下，打开可调稳压电源的开关，将电压调整到设备所需要的电压，然后关掉开关，将电源的输出线接入用电设备，再打开电源开关即可。

①在给用电设备加电之前，首先要确认用电设备的电压和电流的大小，检查输出连接线的正负极是否正确。

图 3-21　常见的直流可调稳压电源

# 第 4 章

# 电路板元器件好坏检测实战

电子元器件是各种电路板的基本组成部件，变频电路板的故障都是这些基本元器件故障引起的，维修变频电路板的过程就是通过检测元器件的好坏，找到损坏的元器件。因此在学习变频电路维修之前，应先掌握电子元器件好坏检测方法。

## 4.1 电阻器好坏检测实战

电阻器是电路元器件中应用最广泛的一种，在电子设备中约占元器件总数的30%。在电路中，电阻器的主要作用是稳定和调节电路中的电流和电压，即控制某一部分电路的电压和电流比例。

### 4.1.1 电阻器维修基本知识

下面介绍电路板中常用电阻器，看懂电路图中电阻器参数、图形符号、电阻器的标识，计算色环电阻器阻值等知识。

#### 4.1.1.1 常见电阻器维修基本知识

在变频电路板中，常见的电阻器主要有贴片电阻器、保险电阻器、压敏电阻器、热敏电阻器、碳膜电阻器、金属膜电阻器等。

（1）贴片电阻器

贴片电阻器由于体积较小，有利于减小电路板的面积，因此在电路板中应用较多。贴片电阻器具有耐潮湿、耐高温、温度系数小、体积小、重量轻、安装密度高、抗震性强、抗干扰能力强、高频特性好等优点。如图 4-1 所示为电路板中的贴片电阻器和电路图中电阻器的符号。

① 电阻器用字母R表示，图中电路板上标注的"R61"为该电阻器的符号，其中"R"表示电阻器，"61"为该电阻器的编号。

② 电阻器上标注的"473"为电阻器的阻值，该标注方法为数标法。数标法用三位数表示阻值，前两位表示有效数字，第三位数字是倍率。这里的"473"表示该电阻器的阻值为 $47 \times 10^3 = 47000$（Ω），即47kΩ。另外，有小数部分的用R表示小数点，如1R5，阻值为1.5Ω。

③ 图中矩形框为电阻器在电路图中的图形符号。图中的"R5030"中的R为电阻器的文字符号，即R表示电阻器，5030是其编号，100k为其阻值，表示100kΩ，±5%为其精度，0201为其尺寸规格，表示尺寸为0.6mm×0.3mm。贴片电阻器有多种尺寸，如0603、0805等。

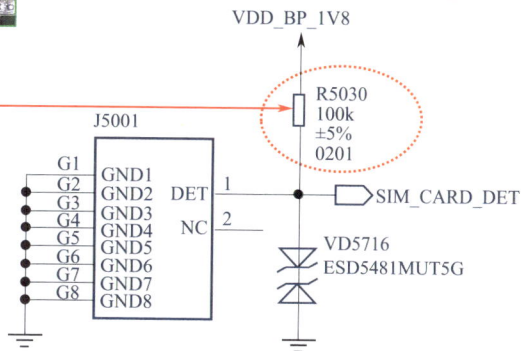

图4-1 电路板中的贴片电阻器和电路图中电阻器的符号

　　贴片电阻的额定功率主要有 1/20W、1/16W、1/8W、1/10W、1/4W、1/2W、1W 等，其中 1/16W、1/8W、1/10W、1/4W 应用最多，一般功率越大，电阻体积也越大，功率级别是随着尺寸逐步递增的。另外，相同的外形，颜色越深，功率值也越大。

　　（2）贴片排电阻器

　　排电阻器（简称排阻）是一种将规律排列的分立电阻器集成在一起的组合型电阻器，如图 4-2 所示。

最常见的为8引脚、内置4个电阻的排阻和10引脚、内置8个电阻的排阻。常使用标注为"220""330""472"等的排阻。

8脚排阻(33Ω)

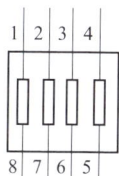
8脚排阻

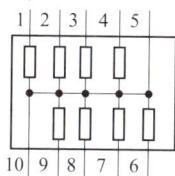
T型10脚排阻

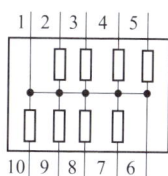
L型10脚排阻

图4-2 排电阻器

（3）保险电阻器

保险电阻器具有电阻器和过流保护熔断器的双重作用。在正常情况下，保险电阻器具有普通电阻器的功能。在工作电流异常增大时，保险电阻器会自动断开，起到保护其他元器件不被损毁的作用。因此保险电阻器也称为熔断电阻器。常见的保险电阻器有贴片式保险电阻和圆柱形保险电阻，如图 4-3 所示为电路板中的保险电阻器和电路图中保险电阻器的符号。

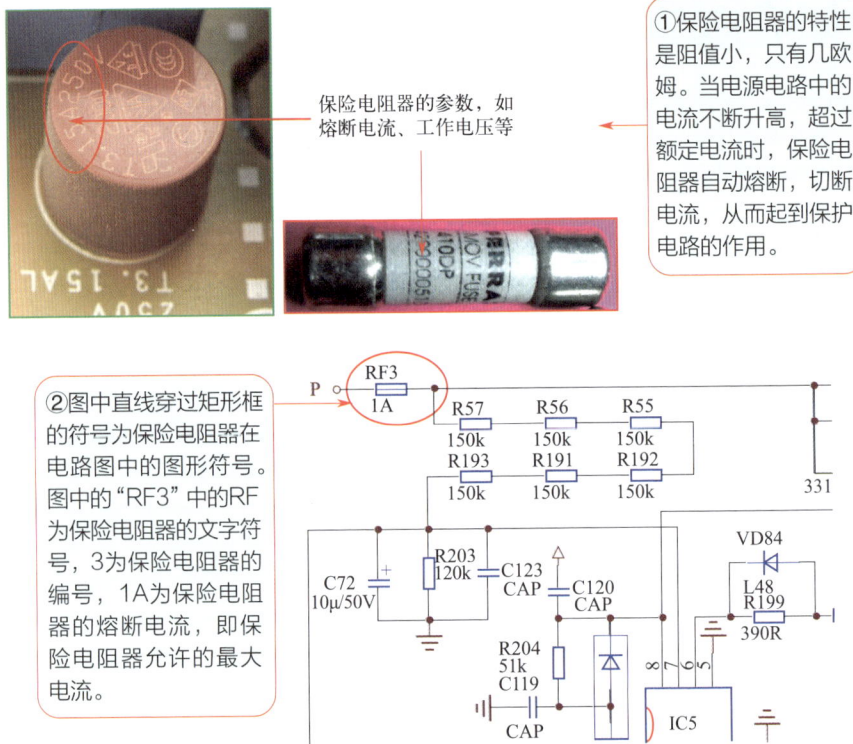

保险电阻器的参数，如熔断电流、工作电压等

①保险电阻器的特性是阻值小，只有几欧姆。当电源电路中的电流不断升高，超过额定电流时，保险电阻器自动熔断，切断电流，从而起到保护电路的作用。

②图中直线穿过矩形框的符号为保险电阻器在电路图中的图形符号。图中的"RF3"中的RF为保险电阻器的文字符号，3为保险电阻器的编号，1A为保险电阻器的熔断电流，即保险电阻器允许的最大电流。

图 4-3　电路板中的保险电阻器和电路图中保险电阻器的符号

（4）压敏电阻器

压敏电阻器是指对电压敏感的电阻器，是一种半导体器件，其制作材料主要是氧化锌。压敏电阻器的最大特点是当加在它上面的电压低于其阈值 $U_N$ 时，流过的电流极小，相当于一只关闭的阀门；当电压超过 $U_N$ 时，流过它的电流激增，相当于阀门打开。利用这一功能，可以抑制电路中经常出现的异常过电压，保护电路免受过电压的损害。如图 4-4 所示为压敏电阻器和电路图中压敏电阻器的符号。

全彩图解 **电子元器件＋变频电路检测与维修**

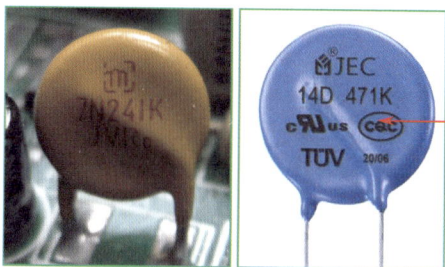

①压敏电阻器主要用在电气设备交流输入端，用于过压保护。在开关电源电路中，压敏电阻器一般并联在电路中使用，当输入电压很大的时候，压敏电阻器的阻值急剧变小，呈现短路状态，将串联在电路上的电流保险电阻熔断，起到保护电路的作用。

②图中图形符号为压敏电阻器在电路图中的图形符号。"RV101"中的RV为压敏电阻器的文字符号，101为压敏电阻器的编号。471表示压敏电阻的击穿电压为470V，K代表误差为±10%，14代表压敏电阻芯片的直径为14mm，D表示芯片形状为圆形。

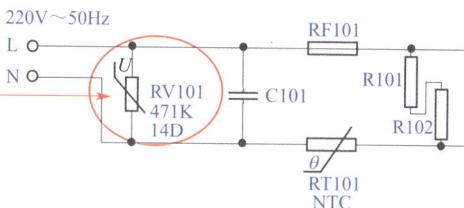

图4-4　压敏电阻器和电路图中压敏电阻器的符号

（5）热敏电阻器

　　热敏电阻器是指电阻值随温度的变化而显著变化的热敏元件。热敏电阻器大多是由单晶或多晶半导体材料制成的，热敏电阻器包括负温度系数热敏电阻（NTC）和正温度系数热敏电阻（PTC），如图4-5所示为热敏电阻器和电路图中热敏电阻器的符号。

①NTC负温度系数热敏电阻的电阻值随温度的升高呈阶跃性减小。用在电源电路中，可以防止开机瞬间的大电流损坏电路元器件。
②在开关电源电路中，通常将一个功率型NTC热敏电阻串联在开关电源电路中，用来有效地抑制开机时的浪涌电流。当浪涌电流很大时，热敏电阻发热，内阻增大，电流减小，从而起到过流保护作用。

图4-5

③PTC正温度系数热敏电阻的阻值随温度的升高呈阶跃性的增大。PTC热敏电阻居里温度一般有80℃、100℃、120℃、140℃等几种。一般情况下，居里温度要超过最高使用环境温度20~40℃。

④图中图形符号为热敏电阻在电路图中的图形符号。"RT101"中的RT为热敏电阻器的文字符号，101为热敏电阻器的编号。NTC表示热敏电阻器为负温度系数热敏电阻，5表示标称阻值为5Ω，D-11表示该热敏电阻的直径为11mm。

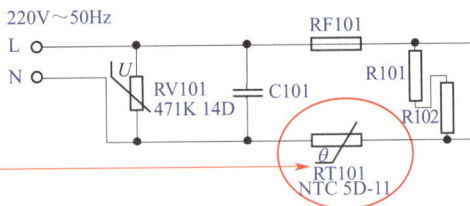

图4-5　热敏电阻器和电路图中热敏电阻器的符号

（6）碳膜电阻器和金属膜电阻器

碳膜电阻器是最普通的电阻器。它是在陶瓷衬底上涂特殊的碳混合物薄膜而制成的。利用刻槽的方法或改变碳膜的厚度，可以得到不同阻值的碳膜电阻。

碳膜电阻有较低的电阻温度系数和较小的误差，碳膜电阻的温度系数值在 $-2 \times 10^{-4} \sim -1 \times 10^{-4}$℃$^{-1}$，一般情况下是负值。碳膜电阻器的阻值范围为 1Ω~10MΩ，额定功率有 0.125W、0.25W、0.5W、1W、2W、5W、10W 等。

金属膜电阻器是用碱金属制成的，是将金属在真空中加热至蒸发，然后沉积在陶瓷棒或陶瓷片上。通过仔细调整金属膜的宽度、长度和厚度来控制电阻值。金属膜电阻器被认为是所有电阻中综合性能最好的。和碳膜电阻器相比，它具有更低的温度系数、更低的噪声、更好的线性、更好的频率特性和精度（精度可以达到0.01%）。如图4-6所示为碳膜电阻器和金属膜电阻器及它们在电路图中的符号。

①碳膜电阻器电压稳定性好，造价低，从外观看，碳膜电阻器有四个色环，一般为蓝色。

②金属膜电阻器体积小，噪声低，稳定性良好。从外观看，金属膜电阻器有五个色环，一般为土黄色。

③图中图形符号为电阻器在电路图中的图形符号（包括碳膜电阻器和金属膜电阻器）。R97为其文字符号，15k表示其阻值为15kΩ，如果标注的是15R，则表示阻值为15Ω。

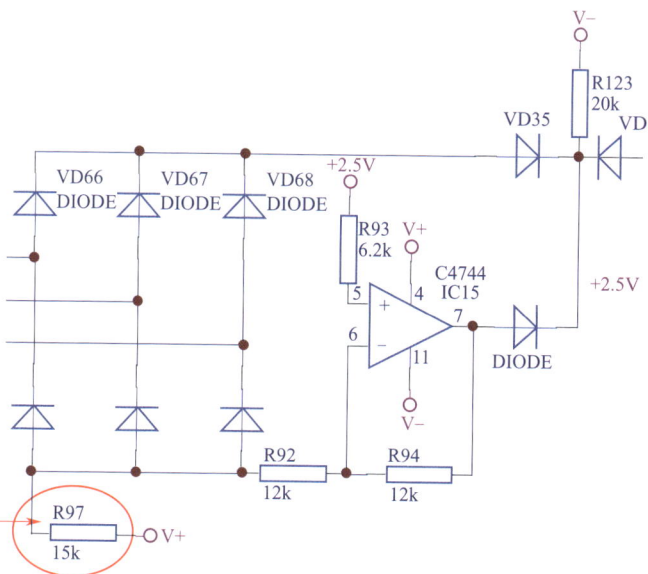

图4-6　碳膜电阻器和金属膜电阻器及它们在电路图中的符号

### 4.1.1.2　电阻器的图形符号和文字符号

维修电路时，通常需要参考电路原理图来检查电路，而电路图是由很多元器件的符号组成的。元器件符号包括文字符号和图形符号。如表4-1所示为常见电阻器的符号。

表4-1　常见电阻器的符号

| 符号类型 | 一般电阻 | 保险电阻 | 压敏电阻 | 热敏电阻 |
|---|---|---|---|---|
| 图形符号 |  |  |  |  |
| 文字符号 | R | RF | RV | RT |

### 4.1.1.3　教你读懂贴片电阻器上的标识

贴片电阻器一般用数标法来标注，常见的有三位数标注法和四位数标注法。

（1）三位数标注法

贴片电阻器用三位数标注阻值时，前两位表示有效数字，第三位是倍率。如果电阻标注为"$ABC$"，则其阻值为$AB×10^C$Ω。如果"$C$"为9，则表示 $-1$。如图4-7所示为三位数标注的贴片电阻器阻值的计算方法。

电阻器上标注的"473"表示该电阻器的阻值为$47 \times 10^3 = 47000$（Ω），即47kΩ。

图4-7　三位数标注的贴片电阻器阻值的计算方法

（2）四位数标注法

贴片电阻器用四位数标注阻值时，前三位表示有效数字，第四位是倍率。如果电阻标注为"$ABCD$"，则其阻值为$ABC \times 10^D \Omega$，如果"$D$"为9，则表示$-1$。如图4-8所示为四位数标注的贴片电阻器阻值的计算方法。

电阻器上标注的"2703"表示该电阻器的阻值为$270 \times 10^3 = 270000$（Ω），即270kΩ。

图4-8　四位数标注的贴片电阻器阻值的计算方法

> **提示**
>
> 有的电阻器在标注时用R表示小数点，如R22表示0.22Ω，2R2表示2.2Ω，22R表示22Ω。
>
> 可调电阻在标注阻值时，常用两位数字表示。第一位表示有效数字，第二位表示倍率。如："24"表示$2 \times 10^4 = 20000$（Ω），即20kΩ。

#### 4.1.1.4　教你计算色环电阻器的阻值

色标法是指用色环标注阻值的方法。色标标注法在电阻器中使用最多，普通的色环电阻器用四环表示，精密电阻器用五环表示。

（1）如何识别首位色环

在识读色环计算阻值前，需要首先辨识首位色环，只有首位色环辨识对了，色环电阻器的阻值才能计算正确。

首位色环判断方法大致有如下几种，如图 4-9 所示。

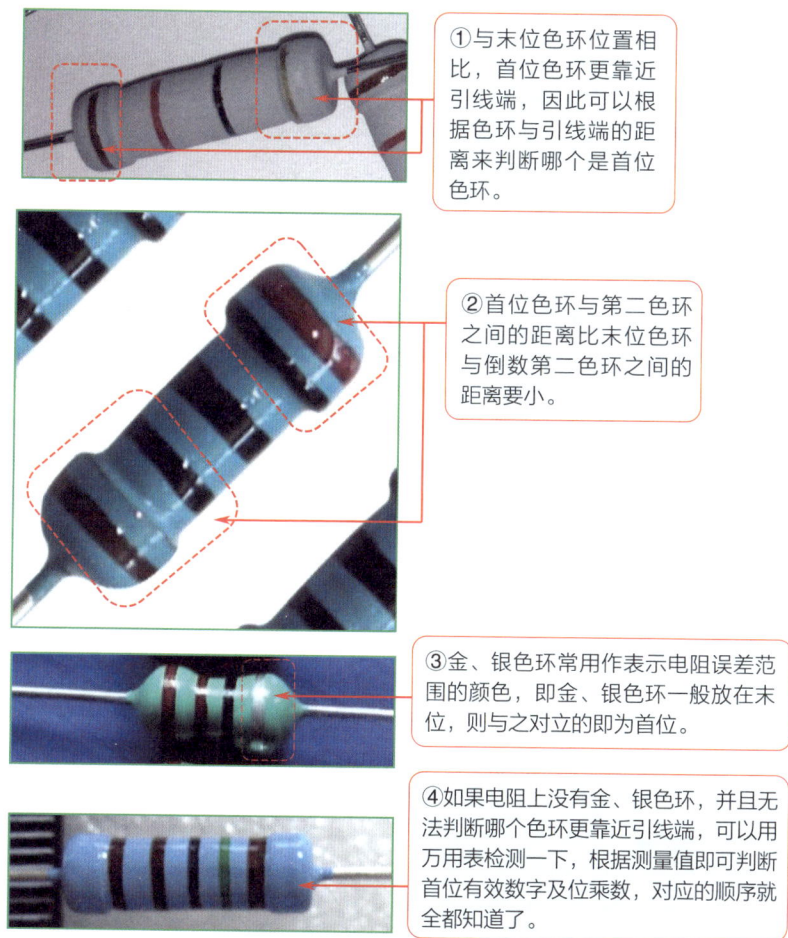

①与末位色环位置相比，首位色环更靠近引线端，因此可以根据色环与引线端的距离来判断哪个是首位色环。

②首位色环与第二色环之间的距离比末位色环与倒数第二色环之间的距离要小。

③金、银色环常用作表示电阻误差范围的颜色，即金、银色环一般放在末位，则与之对立的即为首位。

④如果电阻上没有金、银色环，并且无法判断哪个色环更靠近引线端，可以用万用表检测一下，根据测量值即可判断首位有效数字及位乘数，对应的顺序就全都知道了。

图 4-9　判断首位色环

（2）计算色环电阻器的阻值

如果色环电阻器用四环表示，前面两位数字是有效数字，第三位是倍率（10的幂），第四位是色环电阻器的误差范围，如图 4-10 所示。

如果色环电阻器用五环表示，前面三位数字是有效数字，第四位是倍率（10的幂），第五位是色环电阻器的误差范围，如图 4-11 所示。

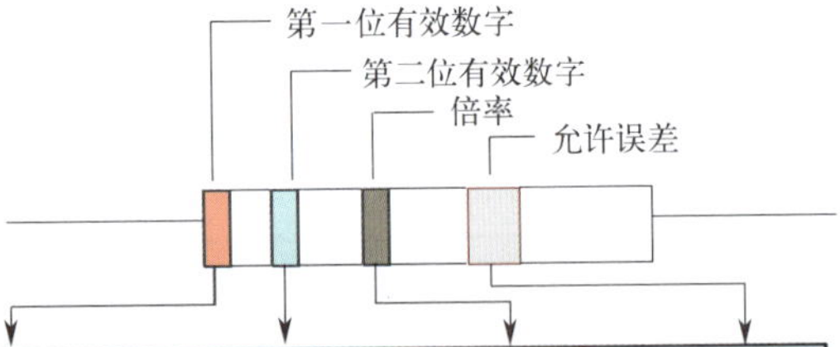

| 颜色 | 第一位有效数字 | 第二位有效数字 | 倍率 | 允许误差 |
|---|---|---|---|---|
| 黑 | 0 | 0 | $10^0$ | |
| 棕 | 1 | 1 | $10^1$ | ±1% |
| 红 | 2 | 2 | $10^2$ | ±2% |
| 橙 | 3 | 3 | $10^3$ | |
| 黄 | 4 | 4 | $10^4$ | |
| 绿 | 5 | 5 | $10^5$ | ±0.5% |
| 蓝 | 6 | 6 | $10^6$ | ±0.25% |
| 紫 | 7 | 7 | $10^7$ | ±0.1% |
| 灰 | 8 | 8 | $10^8$ | |
| 白 | 9 | 9 | $10^9$ | −20%~+50% |
| 金 | | | $10^{-1}$ | ±5% |
| 银 | | | $10^{-2}$ | ±10% |
| 无色 | | | | ±20% |

图 4-10　四环电阻器阻值说明

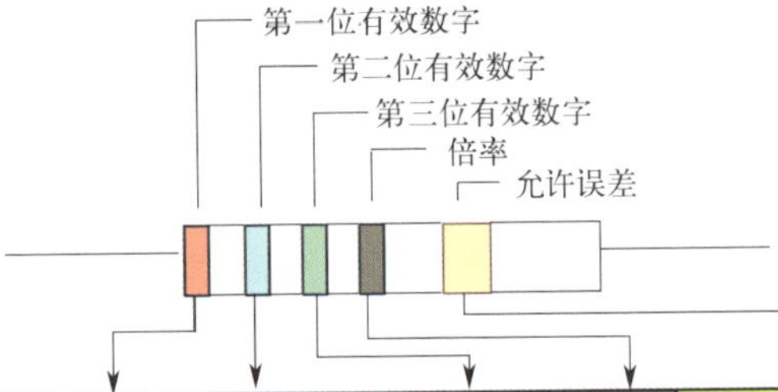

| 颜色 | 第一位有效数字 | 第二位有效数字 | 第三位有效数字 | 倍率 | 允许误差 |
|---|---|---|---|---|---|
| 黑 | 0 | 0 | 0 | $10^0$ | |
| 棕 | 1 | 1 | 1 | $10^1$ | ±1% |
| 红 | 2 | 2 | 2 | $10^2$ | ±2% |
| 橙 | 3 | 3 | 3 | $10^3$ | |
| 黄 | 4 | 4 | 4 | $10^4$ | |
| 绿 | 5 | 5 | 5 | $10^5$ | ±0.5% |
| 蓝 | 6 | 6 | 6 | $10^6$ | ±0.25% |
| 紫 | 7 | 7 | 7 | $10^7$ | ±0.1% |
| 灰 | 8 | 8 | 8 | $10^8$ | |
| 白 | 9 | 9 | 9 | $10^9$ | −20%~+50% |
| 金 | | | | $10^{-1}$ | ±5% |
| 银 | | | | $10^{-2}$ | ±10% |
| 无色 | | | | | ±20% |

图 4-11　五环电阻器阻值说明

第4章　电路板元器件好坏检测实战

根据电阻器色环的识读方法，可以很轻松地计算出电阻器的阻值，如图 4-12 所示。

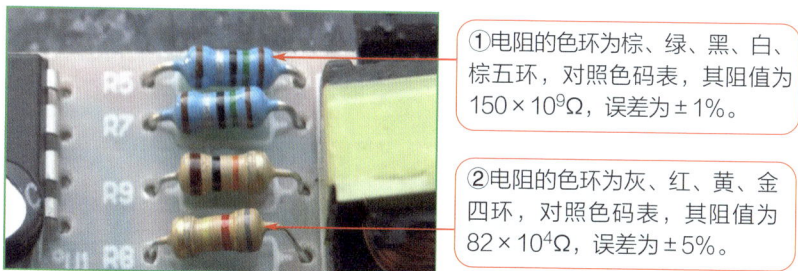

①电阻的色环为棕、绿、黑、白、棕五环，对照色码表，其阻值为 $150 \times 10^9 \Omega$，误差为 $\pm 1\%$。

②电阻的色环为灰、红、黄、金四环，对照色码表，其阻值为 $82 \times 10^4 \Omega$，误差为 $\pm 5\%$。

图 4-12　计算电阻器阻值

### 4.1.2　固定电阻器好坏检测实战

电阻器的检测相对来说要简单一些，在实际维修中，通常先用万用表两只表笔接电阻器的两端，进行简单的测量来判断电阻器是否短路损坏，如图 4-13 所示。

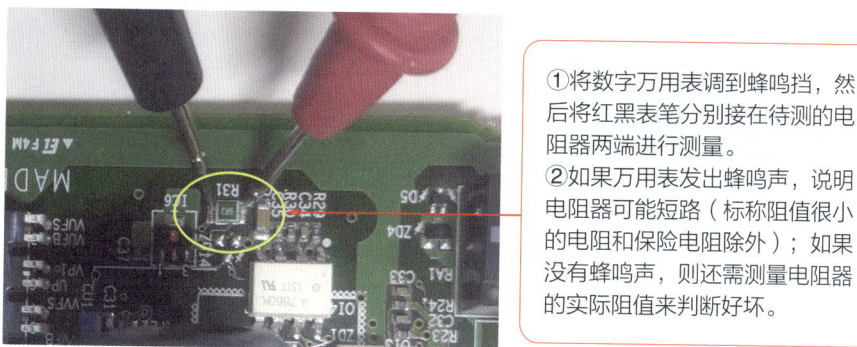

①将数字万用表调到蜂鸣挡，然后将红黑表笔分别接在待测的电阻器两端进行测量。
②如果万用表发出蜂鸣声，说明电阻器可能短路（标称阻值很小的电阻和保险电阻除外）；如果没有蜂鸣声，则还需测量电阻器的实际阻值来判断好坏。

图 4-13　简单判断电阻器好坏

另外，可以通过测量电阻器的实际阻值，然后与标称阻值相比较来判断好坏。开始可以采用在路检测，如果测量结果不能确定测量的准确性，就将其从电路中焊下来，开路检测其阻值。如图 4-14 所示（以指针万用表为例）。

### 4.1.3　保险电阻器好坏检测实战

保险电阻器的阻值接近 0，在判断好坏时，可以通过观察外观和测量阻值来判断好坏，如图 4-15 所示。

②将两表笔分别与电阻的两引脚相接，即可测出实际电阻值（如图中所测阻值为200kΩ）。

③最后根据电阻误差等级算出误差范围，若实测值已超出标称值，说明该电阻已经不能继续使用了，若仍在误差范围内说明电阻仍可继续使用。

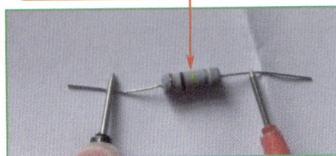

①将万用表调至欧姆挡并调零，然后根据被测电阻器的标称阻值来选择万用表量程（如选择×10k挡）。

图 4-14　测量电阻器

①在电路中，多数保险电阻的短路故障可根据观察作出判断。例如若发现保险电阻器表面烧焦或发黑（也可能会伴有焦味），可断定保险电阻器已被烧毁。

②检测保险电阻时，可以用数字万用表的蜂鸣挡，或指针万用表欧姆挡的×1挡来测量。若测得的阻值为无穷大，则说明此保险电阻器已经断路损坏。若测得的阻值与0接近，说明该保险电阻基本正常。如果测得的阻值较大，则需要拆下保险电阻进行进一步测量来判断。

图 4-15　保险电阻器的检测

### 4.1.4　压敏电阻好坏检测实战

压敏电阻检测方法如图 4-16 所示。

### 4.1.5　热敏电阻好坏检测实战

热敏电阻检测方法如图 4-17 所示。

测量时，选用万用表欧姆挡的×1k或×10k挡，将两表笔分别加在压敏电阻两端测出压敏电阻的阻值，交换两表笔再测一次。若两次测得的阻值均为无穷大，说明被测压敏电阻质量合格，否则证明其漏电严重而不可使用。

图 4-16　压敏电阻的检测方法

测量时，选用指针万用表欧姆挡的×1挡或数字万用表200欧姆挡，然后将两表笔分别加在热敏电阻两端测出热敏电阻的阻值。若测得的阻值与标称阻值（通常为几欧姆）一致或接近，则被测热敏电阻正常；如果测量的阻值为无穷大或0，说明热敏电阻损坏。

图 4-17　热敏电阻检测方法

### 4.1.6　如何代换损坏的电阻器

电阻器代换方法如下。

① 代换电阻器时，要用相同种类、相同阻值、相同功率的电阻器代换。

② 如果手头没有同规格的电阻器更换，也可以用电阻器串联或并联的方法做应急处理。需要注意的是，代换电阻必须比原电阻有更稳定的性能，更高的额定功率，但阻值只能在标称阻值允许的误差范围内。

③ 如果手头没有同种类的电阻器，对于普通固定电阻器可以用额定阻值、额定功率均相同的金属膜电阻器或碳膜电阻器代换；对于碳膜电阻器，可以用额定阻值及额定功率相同的金属膜电阻器代换。

# 4.2 ▶ 电容器好坏检测实战

电容器是在电路中使用最广泛的元器件之一，电容器由两个相互靠近的导体极板中间夹一层绝缘介质构成，是一种重要的储能元器件。

## 4.2.1　电容器维修基本知识

下面介绍电路板中常用电容器，看懂电路图中电容器参数、图形符号，电容器上的标识等知识。

### 4.2.1.1　常见电容器维修基本知识

常见的电容器主要有：贴片电容器、铝电解电容器、固态电容器、安规电容器、陶瓷电容器等。

**（1）贴片电容器**

贴片电容器是电路板上应用数量较多的一种元件，形状为矩形，有黄色、青色、青灰色，以半透明浅黄色者为常见（陶瓷电容）。容量在皮法级的小容量电容体上一般无标识，容量在微法级的电容才有标识。如图 4-18 所示为贴片电容和电路图中贴片电容符号。

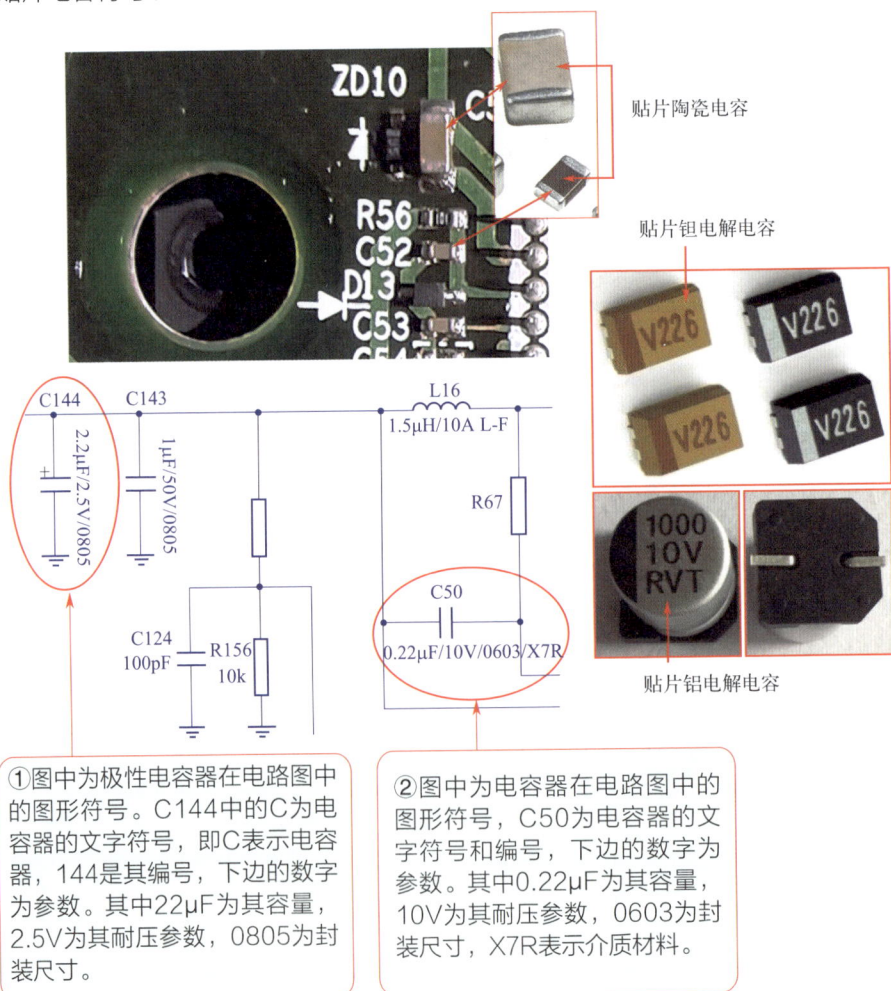

贴片陶瓷电容

贴片钽电解电容

贴片铝电解电容

①图中为极性电容器在电路图中的图形符号。C144中的C为电容器的文字符号，即C表示电容器，144是其编号，下边的数字为参数。其中22μF为其容量，2.5V为其耐压参数，0805为封装尺寸。

②图中为电容器在电路图中的图形符号，C50为电容器的文字符号和编号，下边的数字为参数。其中0.22μF为其容量，10V为其耐压参数，0603为封装尺寸，X7R表示介质材料。

图 4-18　贴片电容和电路图中贴片电容符号

贴片电容可分为无极性和有极性两类。

① 无极性电容最常见的是 0805 和 0603 封装，数字表示电容的尺寸规格。贴片电容的封装尺寸用 4 位整数表示。前面两位表示贴片电容的长度，后面两位表示贴片电容的宽度。如表 4-2 所示为贴片电容封装代码代表的尺寸。

表 4-2　贴片电容封装尺寸

| 尺寸代码 | 长（$L$）/mm | 宽（$W$）/mm | 高（$T$）/mm |
| --- | --- | --- | --- |
| 0402 | 1.00 ± 0.05 | 0.50 ± 0.05 | 0.55 |
| 0603 | 1.52 ± 0.25 | 0.76 ± 0.25 | 0.76 |
| 0805 | 2.00 ± 0.20 | 1.25 ± 0.20 | 1.40 |
| 1206 | 3.20 ± 0.30 | 1.60 ± 0.30 | 1.80 |
| 1210 | 3.20 ± 0.30 | 2.50 ± 0.30 | 2.20 |
| 1808 | 4.50 ± 0.40 | 2.00 ± 0.20 | 2.20 |
| 1812 | 4.50 ± 0.40 | 3.20 ± 0.30 | 3.10 |
| 2225 | 5.70 ± 0.50 | 6.30 ± 0.50 | 6.20 |

② 有极性贴片电容也就是平时所称的电解电容。由于其紧贴电路板，要求温度稳定性要高，所以贴片电容以钽电容为多。根据其耐压不同，贴片电容又可分为 A、B、C、D 四个系列。A 类封装尺寸为 3216，耐压为 10V；B 类封装尺寸为 3528，耐压为 16V；C 类封装尺寸为 6032，耐压为 25V；D 类封装尺寸为 7343，耐压为 35V。

（2）铝电解电容器

铝电解电容器由铝圆筒作负极，装入液体电解质，插入一片弯曲的铝带作正极而制成。

铝电解电容器的两极一般是由金属箔构成的，为了减小电容的体积，通常将金属箔卷起来。我们知道将导体卷起来就会出现电感，电容量越大的电容器，金属箔就会越长，卷得就会越多，这样等效电感也就会越大。理论上电容器在高频下工作，容抗应该更小，但由于频率增高的同时感抗也会增大，甚至会大到不可忽视的地步，所以电解电容是一种低频电容，容量越大的电解电容，其高频特性越差。

铝电解电容器的特点是容量大、漏电大、稳定性差，适用于低频或滤波电路，有极性限制，使用时不可接反。铝电解电容器的电容量一般在 0.1 ~ 500000μF，额定电压在 6.3 ~ 450V。如图 4-19 所示为铝电解电容和电路图中电解电容符号。

（3）安规电容器

安规电容器在电路中起到抗干扰的作用，特别是在电源的输入端，用于滤除线路中的共模干扰和差模干扰。安规电容的特点是，在失效后不会导致电击，从而保证人身安全。它们通常应用于电路的输入端，以防止电磁干扰（EMI）对电源和其他电器的影响。安规电容主要分为 X 电容和 Y 电容。

电容上标注的450V为电容的耐压值，100μF为电容的容量

有白道的一端为负极

图中为电解电容器在电路图中的图形符号，C14为电解电容的文字符号，14为其编号，下面为其参数，10μF为电容的容量50V为电容的耐压值。

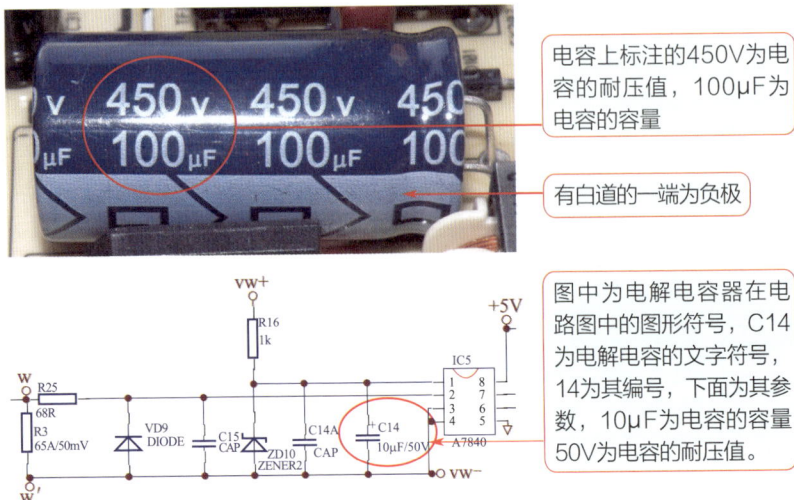

图 4-19　铝电解电容器

①X电容。X电容主要用于抑制差模干扰，跨接在火线与零线之间，即"L-N"之间。X电容通常采用金属化薄膜电容器，通常为黄色。如图 4-20 所示为 X 电容和电路图中 X 电容的符号。

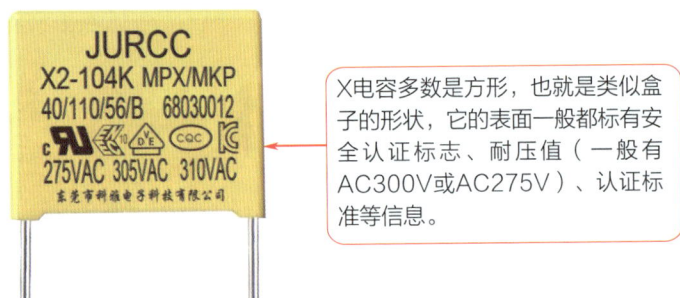

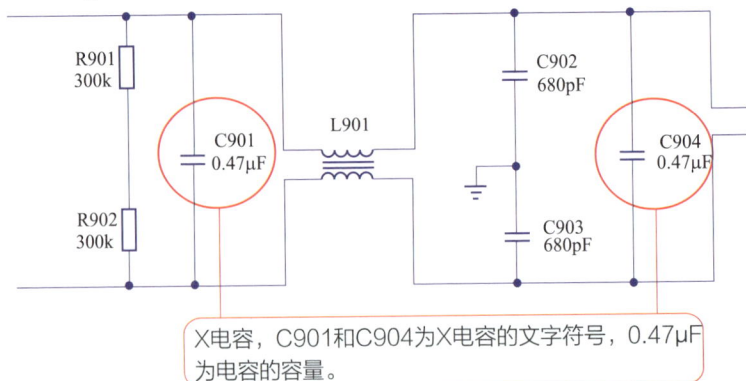

X电容多数是方形，也就是类似盒子的形状，它的表面一般都标有安全认证标志、耐压值（一般有AC300V或AC275V）、认证标准等信息。

X电容，C901和C904为X电容的文字符号，0.47μF为电容的容量。

图 4-20　X 电容和电路图中 X 电容的符号

②Y电容。Y电容主要用于抑制共模干扰，跨接在电力线两线和地之间，即"L-E"和"N-E"之间，一般成对出现。Y电容通常是陶瓷类电容器，通常为蓝色。基于漏电流的制约，Y电容容量不可以很大。如图4-21所示为Y电容和电路图中Y电容的符号。

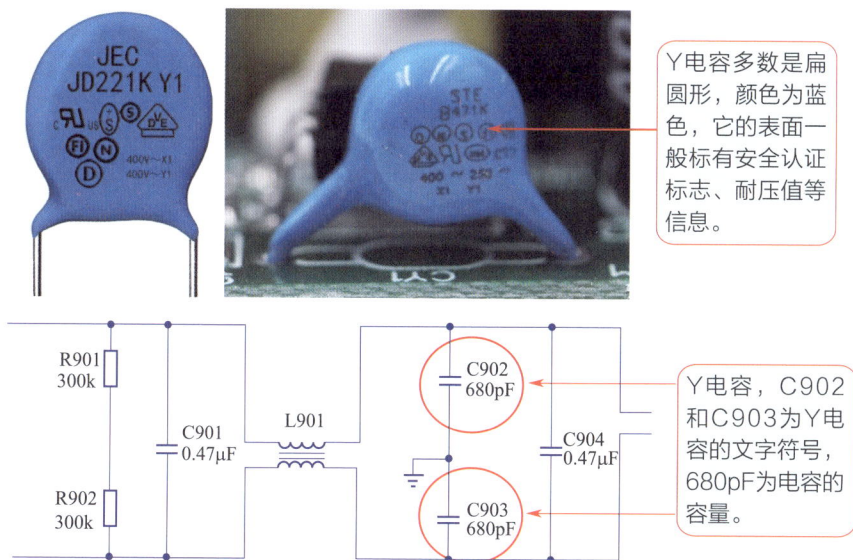

Y电容多数是扁圆形，颜色为蓝色，它的表面一般标有安全认证标志、耐压值等信息。

Y电容，C902和C903为Y电容的文字符号，680pF为电容的容量。

图4-21　Y电容和电路图中Y电容的符号

（4）陶瓷电容器

陶瓷电容器以陶瓷为介质，涂敷金属薄膜经高温烧结而制成电极，再在电极上焊上引出线，外表涂以保护磁漆，或用环氧树脂及酚醛树脂包封制成。常见的陶瓷电容器如图4-22所示。

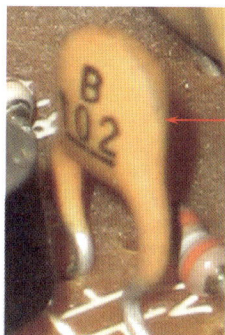

①陶瓷电容器的容量一般在10pF~4.7μF，额定电压在50~500V。
②陶瓷电容器损耗小，稳定性好且耐高温，温度系数范围宽，且价格低、体积小。

图4-22　陶瓷电容器

## 4.2.1.2　电容器的图形符号和文字符号

维修电路时，通常需要参考电气设备的电路原理图来查找问题，下面结合电路图来识别电路图中的电容器。如表 4-3 所示。

表 4-3　常见电容器的符号

| 符号类型 | 固定电容器 | 可变电容器 | 极性电容器 | 电解电容器 |
|---|---|---|---|---|
| 图形符号 | | | | |
| 文字符号 | C | C | C | C |

#### 4.2.1.3　教你读懂电容器上的标识

　　电容器的参数通常会标注在其上，常用的标注方法为直标法。直标法就是用数字或符号将电容器的有关参数（主要是标称容量和耐压）直接标示在电容器的外壳上。这种标注法常见于电解电容器和体积稍大的电容器上。

　　数标法的标注识读方法如图 4-23 所示。

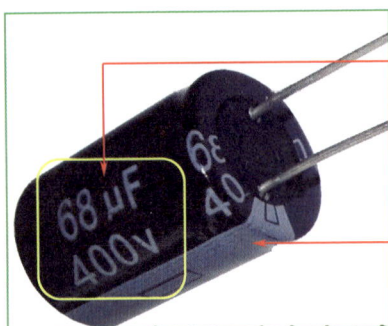

①图中，电容上标注为"68μF 400V"，表示容量为68μF，耐压为400V。

②有极性的电容，通常在负极引脚端会有负极标识，颜色和其他地方不同，如图中白色的"横杠"表示负极端。

③107表示$10 \times 10^7 = 100000000$（pF），即=100μF，16V表示耐压参数。

④采用数字标注时常用三位数，前两位数表示有效数字，第三位表示倍率，单位为pF。如：101表示$10 \times 10^1 = 100$（pF）；104表示$10 \times 10^4 = 100000$（pF），即0.1μF；223表示$22 \times 10^3 = 22000$（pF），即0.022μF。

⑤如果数字后面跟字母，则字母表示电容容量的误差，其误差值含义为：G表示±2%，J表示±5%，K表示±10%；M表示±20%；N表示±30%；P表示+100%，−0%；S表示+50%，−20%；Z表示+80%，−20%。

101K
15KV
EG

图4-23　数标法的标注识读方法

#### 4.2.1.4　教你读懂电容器上标注的数字符号

数字符号法是将电容器的容量用数字和单位符号按一定规则进行标称的方法。具体方法是：容量的整数部分 + 容量的单位符号 + 容量的小数部分。容量的单位符号包括 F（法）、m（毫法）、μ（微法）、n（纳法）、P（皮法）。

数字符号法标注电容器的方法如图 4-24 所示。

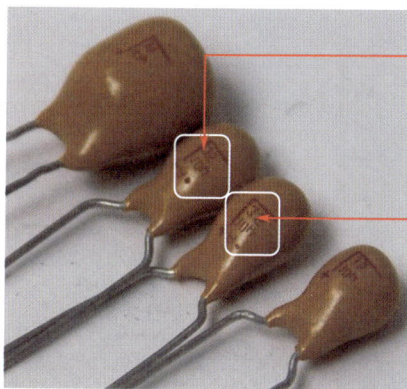

①10μ表示容量为10μF。

②例如：18P表示容量是18pF、5P6表示容量是5.6pF、2n2表示容量是2.2nF(2200pF)、4m7表示容量是4.7mF（4700μF）。

图4-24　数字符号法标注电容器

#### 4.2.2　贴片小容量电容器好坏检测实战

现在很多电路的小容量电容器采用贴片电容器，由于小容量电容器容量太小，用万用表无法测量出其具体容量，只能定性地检查其绝缘电阻，即有无漏电、内部短路或击穿现象，不能定量判定质量。

检测贴片小容量电容器的方法如图 4-25 所示。

①将数字万用表调到蜂鸣挡或指针万用表调到欧姆挡的×10k挡，然后用两表笔分别接电容器的两个引脚测量。

②调换两只表笔再次测量。正常的贴片电容器两次测量的阻值应为无穷大。如果测量的阻值为0或有一定的阻值，说明电容漏电损坏或内部击穿。

图 4-25　贴片小容量电容器的测量方法

### 4.2.3　大容量电容器好坏检测实战

对于 0.01μF 以上大容量电容器的检测，采用如图 4-26 所示的方法。

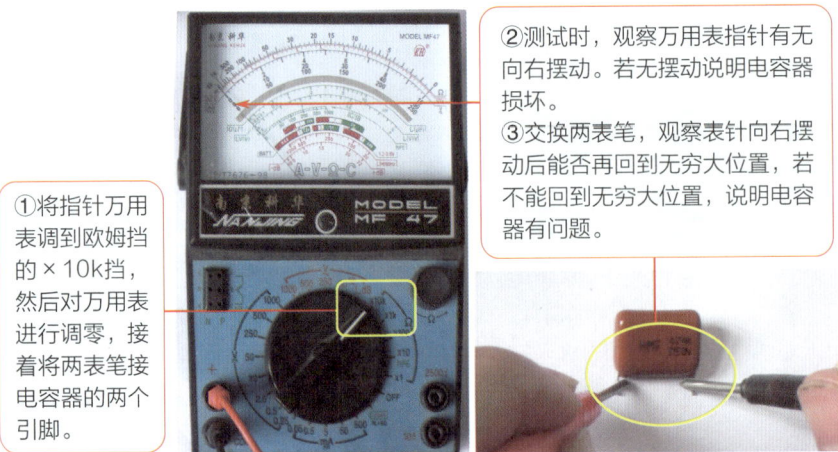

②测试时，观察万用表指针有无向右摆动。若无摆动说明电容器损坏。

③交换两表笔，观察表针向右摆动后能否再回到无穷大位置，若不能回到无穷大位置，说明电容器有问题。

①将指针万用表调到欧姆挡的×10k挡，然后对万用表进行调零，接着将两表笔接电容器的两个引脚。

图 4-26　0.01μF 以上大容量电容器检测方法

### 4.2.4　数字万用表测量电容器容量实战

用数字万用表的电容测量插孔测量电容器容量的方法如图 4-27 所示。

### 4.2.5　如何代换损坏的电容器

电容器损坏后，原则上应使用与其类型相同、主要参数相同、外形尺寸相近的电容器来更换。但若找不到同类型电容器，也可用其他类型的电容器代换。

电容器代换方法如图 4-28 所示。

①根据电容器的标注容量，将万用表功能旋钮调到电容挡，量程大于被测电容容量。

②将电容器的两极用镊子短接放电。然后将电容器的两只引脚插入电容测量孔中。

③从显示屏上读出电容值。将读出的值与电容器的标称值比较，若相差太大，说明该电容器容量不足或性能不良，不能再使用。

图 4-27 用数字万用表的电容测量插孔测量电容器的方法

①普通电容器代换时，原则上应选用同型号、同规格电容器代换。如果找不到相同规格的电容器，可以选用容量基本相同、耐压参数相等或大于原电容器参数的电容器代换。特殊情况需要考虑电容器的温度系数。

②对于一般的电解电容，通常可以用耐压值较高、容量相同的电解电容器代换。用于信号耦合、旁路的铝电解电容器损坏后，也可用与其主要参数相同但性能更优的电解电容器代换。

图 4-28 电容器代换方法

## 4.3 ▶ 电感器好坏检测实战

电感器是一种能够把电能转化为磁能并储存起来的元器件，它主要的功能是阻止电流的变化。当电流从小到大变化时，电感阻止电流的增大；当电流从大到小变化时，电感阻止电流减小。电感器常与电容器配合在一起工作，在电路中主要用于滤波（阻止交流干扰）、振荡（与电容器组成谐振电路）、波形变换等。

### 4.3.1　电感器维修基本知识

下面介绍电路板中常用电感器，看懂电路图中电感器参数、图形符号，电感器上的标识等知识。

#### 4.3.1.1　常见电感器维修基本知识

常见的电感器主要有贴片电感器、大电流扼流电感器、环形电感器、封闭式电感器、共模电感器、差模电感器等。

（1）贴片电感器

贴片电感器具有小型化、高品质、高能量储存和低电阻的特性，一般由陶瓷或微晶玻璃基片上沉淀金属导片而制成。

贴片电感有圆形、方形和矩形等封装形式，颜色多为黑色。带铁芯电感（或圆形电感），从外形上易于辨识。但有些矩形电感，从外形上看，更像是贴片电阻。如图 4-29 所示为电路板中常见的贴片电感和电路图中贴片电感的符号。

> 贴片电感器一般用于高密度PCB板，如计算机、手机、工业电路板等。贴片电感器由于体积小、引脚短，可以减少EMI辐射和信号的交叉耦合，因此常用于EMI、A/D转换、RF放大、信号发生器等电路中。

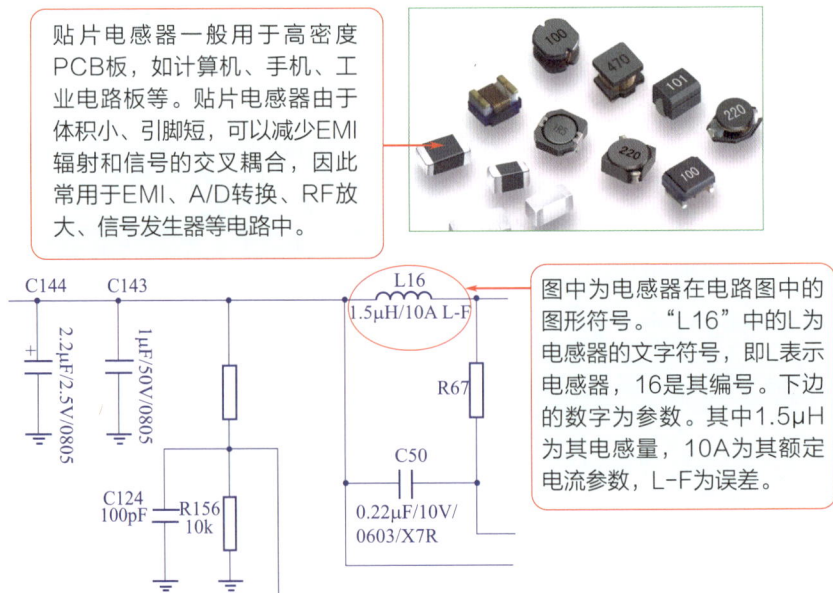

> 图中为电感器在电路图中的图形符号。"L16"中的L为电感器的文字符号，即L表示电感器，16是其编号。下边的数字为参数。其中1.5μH为其电感量，10A为其额定电流参数，L-F为误差。

图 4-29　电路板中常见的贴片电感和电路图中贴片电感的符号

（2）大电流扼流电感器

大电流扼流电感器主要利用铁氧体铁芯或粉末铁芯体，在匝数少、体积小的条件下可获得比较大的电感值。匝数少使得直流电阻低，这是大电流应用中比较关键的一个特性。如图4-30所示为大电流扼流电感器和电路图中大电流扼流电感器的符号。

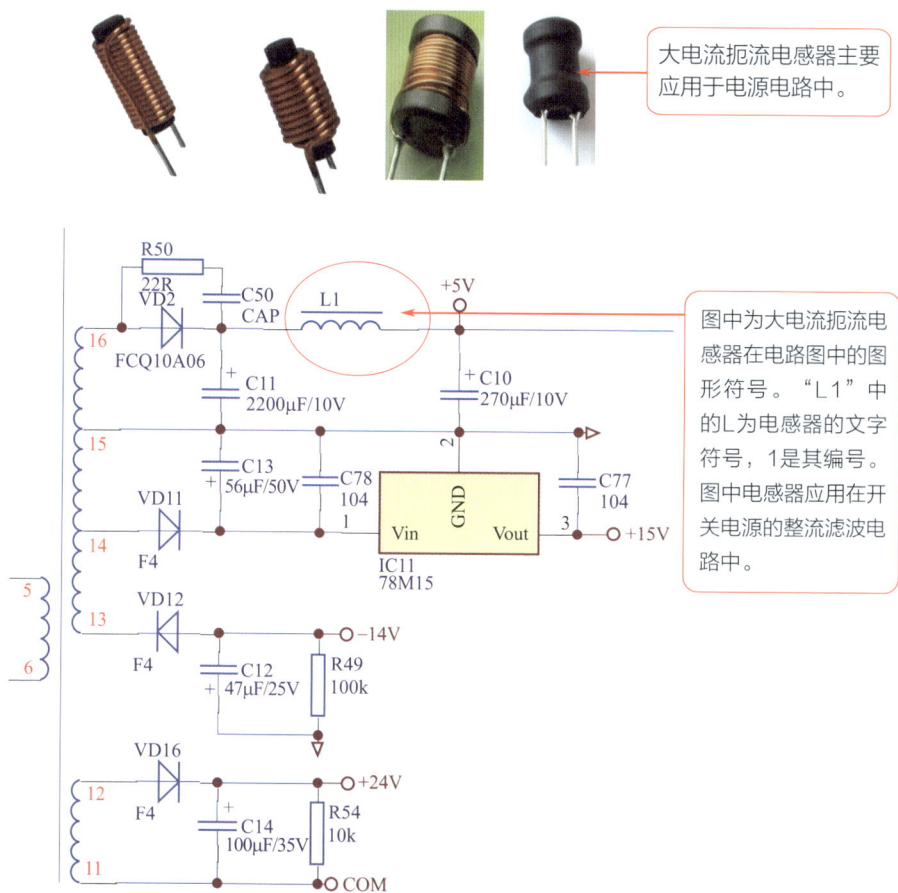

大电流扼流电感器主要应用于电源电路中。

图中为大电流扼流电感器在电路图中的图形符号。"L1"中的L为电感器的文字符号，1是其编号。图中电感器应用在开关电源的整流滤波电路中。

图4-30　大电流扼流电感器和电路图中大电流扼流电感器的符号

（3）环形电感器

环形电感器是在磁环上绕制线圈制成的，磁环由铁氧体或粉末铁芯体制成。环形铁氧体可获得比较大的电感量，而且自屏蔽性比较好。环形电感一般匝数比较少，这使得它的直流电阻比其他密绕螺线管电感小。

环形电感器不易受其他组件的电磁干扰，因为线圈的感应电流与外界干扰抵消。如图4-31所示为环形电感器。

环形电感器多用于供电电路、音频电路、汽车电子、带通滤波器等。

图 4-31　环形电感器

（4）封闭式电感器

封闭式电感器将线圈完全密封在绝缘盒中，以减少或防止磁耦合及电磁干扰。特别是在高密度的电路板（如计算机主板）中，为避免信号耦合，会使用大量的封闭式电感器。电路板中常见的封闭式电感器如图 4-32 所示。

封闭式电感器性能更加稳定，所以在DC/DC转换电路、计算机、电信设备、滤波电路等中应用较多。

图 4-32　封闭式电感器

（5）共模电感器

共模电感器也叫共模扼流圈，主要用于消除交流电中的高频干扰信号（共模噪声），防止其进入开关电源电路，同时也防止开关电源的脉冲信号对其他电子设备造成干扰。共模电感器常用于开关电源中过滤共模的电磁干扰信号。

共模电感器由两个尺寸相同、匝数相同的线圈对称地绕制在同一个铁氧体环形磁芯上，形成一个四引脚的器件。共模电感器主要用于各种电气设备供电电路的 EMI 电路中。如图 4-33 所示为共模电感器和电路图中共模电感器的符号。

共模电感的原理如下。

① 当电感中流过共模电流时，电感磁环中的磁通相互叠加，从而具有相当大的电感量，对共模电流起到抑制作用；而当两线圈流过差模电流时，磁环中的磁通相互抵消，几乎没有电感量，所以差模电流可以无衰减地通过。因此共模电感在平衡线路中能有效地抑制共模干扰信号，而对线路正常传输的差模信号无影响。

② 由于共模电感器电感量不大，所以共模电感器对于正常的 220V 交流电感抗很小，不影响 220V 交流电对开关电源的供电。

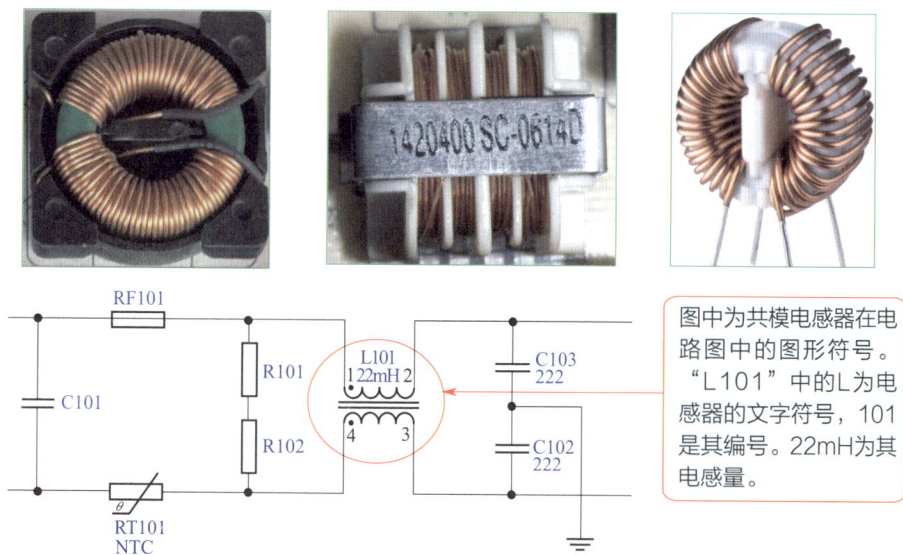

图中为共模电感器在电路图中的图形符号。"L101"中的L为电感器的文字符号，101是其编号。22mH为其电感量。

图 4-33 共模电感器和电路图中共模电感器的符号

（6）差模电感器

差模电感器也叫差模扼流圈，常用于开关电源中过滤差模高频干扰信号。差模电感器一般与X电容一起过滤电路中的差模高频信号。如图 4-34 所示为差模电感器和电路图中差模电感器的符号。

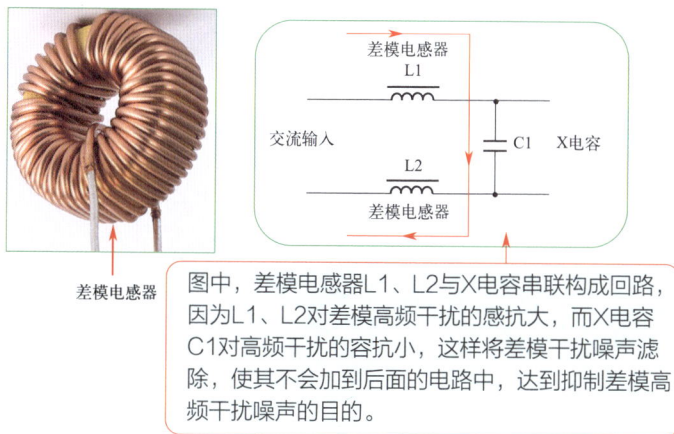

图中，差模电感器L1、L2与X电容串联构成回路，因为L1、L2对差模高频干扰的感抗大，而X电容C1对高频干扰的容抗小，这样将差模干扰噪声滤除，使其不会加到后面的电路中，达到抑制差模高频干扰噪声的目的。

图 4-34 差模电感器和电路图中差模电感器的符号

**提示** 差模电感有两个引脚，共模电感有四个引脚，这是差模电感和共模电感的一个区别。

## 4.3.1.2 电感器的图形符号和文字符号

维修电路时，通常需要参考电气设备的电路原理图来查找问题，需要掌握电路图中电感器的符号来进行识读。如表4-4所示为常见电感器的图形符号和文字符号。

表4-4 常见电感器电路符号

| 符号类型 | 电感器 | 带铁芯电感器 | 共模电感器 | 可变电感器 | 带抽头电感器 |
|---|---|---|---|---|---|
| 图形符号 |  |  |  |  |  |
| 文字符号 | L | L | L | L | L |

## 4.3.1.3 教你读懂电感器上的标识

电感器的标注方法包括数字符号法、数码法等。数字符号法是将电感的标称值和偏差值用数字和文字符号按一定的规律组合标示在电感体上。数码法则是在电感器上标注数字。

电感器的参数通常会标注在电感器上，电感器的标注识读方法如图4-35所示。

①采用文字符号法表示的电感器通常是一些小功率电感，单位通常为μH或nH。用μH作单位时，"R"表示小数点；用"nH"作单位时，"N"表示小数点。
②例如，R47表示电感量为0.47μH，而4R7则表示电感量为4.7μH；10N表示电感量为10nH。

③数码法标注的电感器，前两位数字表示有效数字，第三位数字表示倍率，如果有第四位数字，则表示误差值。这类电感器的电感量的单位一般都是μH。例如100，表示电感量为$10 \times 10^0 = 10$（μH）。

图4-35 读懂电感器的参数

## 4.3.2 通过测量阻值判断电感器好坏实战

一般来说，电感器的线圈匝数不多，直流电阻很低，因此，用万用表电阻挡（欧姆挡）进行测量。电感器的检测方法如图4-36所示。

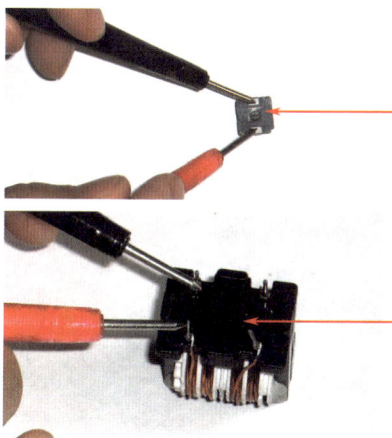

①测量时，用数字万用表的蜂鸣挡，或指针万用表欧姆挡的×10挡进行测量。
②对于贴片电感，此时的读数应为零，若万用表读数偏大或为无穷大，则表示电感损坏。

③对于线圈匝数较多、线径较细的电感，测量读数会达到几十到几百欧姆，通常情况下线圈的直流电阻只有几欧姆。如果电感损坏，多表现为发烫。

图 4-36　万用表检测电感器的方法

### 4.3.3　如何代换损坏的电感器

电感器损坏后，原则上应使用与其性能类型相同、主要参数相同、外形尺寸相近的电感器来更换。但若找不到同类型电感器，也可用其他类型的电感器代换。

代换电感器时，首先应考虑其性能参数（例如电感量、额定电流、品质因数等）及外形尺寸是否符合要求。几种常用的电感器的代换方法如图 4-37 所示。

①对于贴片式小功率电感，由于其体积小、线径细、封装严密，一旦通过的电流过大，内部温度上升后热量不易散发。因此，出现断路或者匝间短路的概率是比较大的。代换时只要体积大小相同即可。

②对于体积大、铜线粗的大功率储能电感，其损坏概率很小，如果要代换这种电感，必须要外表上印有的型号相同，对应的体积、匝数、线径都相同才能代换。

图 4-37　几种常用的电感器的代换方法

## 4.4 二极管好坏检测实战

二极管又称晶体二极管，是最常用的电子元器件之一。它最大的特性就是单向导电，在电路中，电流只能从二极管的正极流入，负极流出。利用二极管单向导电性，可以把方向交替变化的交流电变换成单一方向的脉冲直流电。另外，二极管在正向电压作用下电阻很小，处于导通状态，在反向电压作用下，电阻很大，处于截止状态，如同一只开关。利用二极管的开关特性，可以组成各种逻辑电路（如整流电路、检波电路、稳压电路等）。

### 4.4.1 二极管维修基本知识

下面介绍电路板中常用二极管，看懂电路图中二极管参数、图形符号等知识。

#### 4.4.1.1 常见二极管维修基本知识

常见的二极管主要有整流二极管、开关二极管、稳压二极管、快恢复二极管、肖特基二极管、发光二极管等。

（1）整流二极管

将交流电转变为直流电的二极管称为整流二极管，整流二极管具有明显的单向导电性。

整流二极管多为硅面接触型结构，结面积较大，能通过较大电流。通常高压大功率整流二极管都用高纯度单晶硅制造，主要应用于各种低频整流电路中。如图4-38所示为整流二极管和电路图中整流二极管的符号。

（2）开关二极管

开关二极管是利用二极管的单向导电性而制成的。当在半导体 PN 结加上正向偏压后，电阻很小（几十到几百欧姆），处于导通状态；当加上反向偏压后，其电阻很大（硅管在 100MΩ 以上），处于截止状态。

开关二极管在电路中可以对电流进行控制，起到接通或关断的开关作用。开关二极管的开关速度很快，它由导通变为截止或由截止变为导通所需的时间比一般二极管短。如图4-39所示为开关二极管和电路图中开关二极管的符号。

（3）稳压二极管

稳压二极管也叫齐纳二极管，它利用二极管反向击穿时，两端电压不变的原理来实现稳压限幅、过载保护。当稳压二极管加正向电压时二极管导通，有较大的正向电流流过二极管，当加反向电压时，只有很小的反向电流流过二极管，当反向电

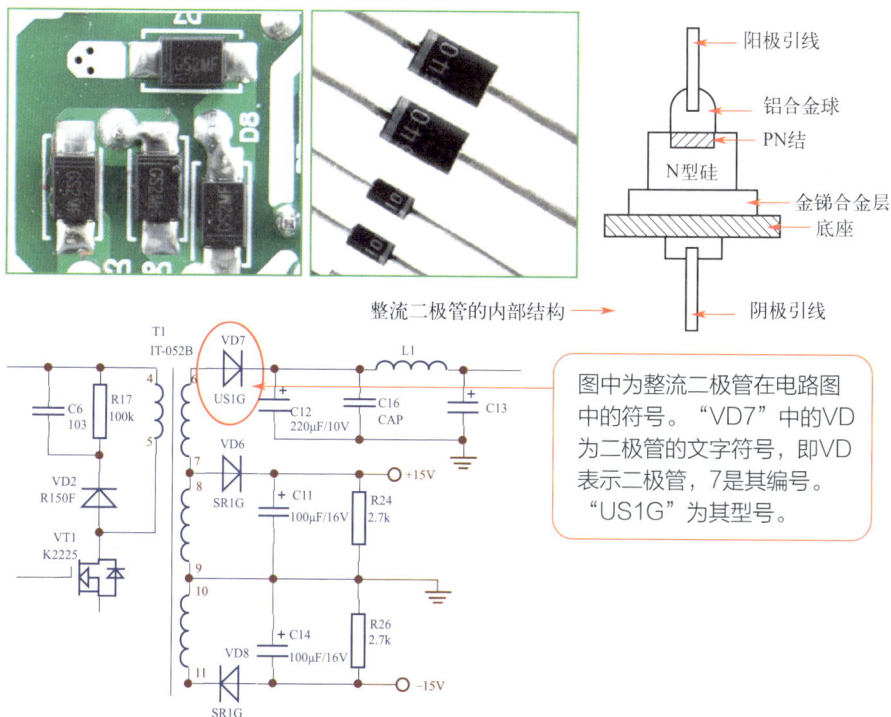

阳极引线
铝合金球
PN结
N型硅
金锑合金层
底座
阴极引线

整流二极管的内部结构

图中为整流二极管在电路图中的符号。"VD7"中的VD为二极管的文字符号,即VD表示二极管,7是其编号。"US1G"为其型号。

图 4-38　整流二极管和电路图中整流二极管的符号

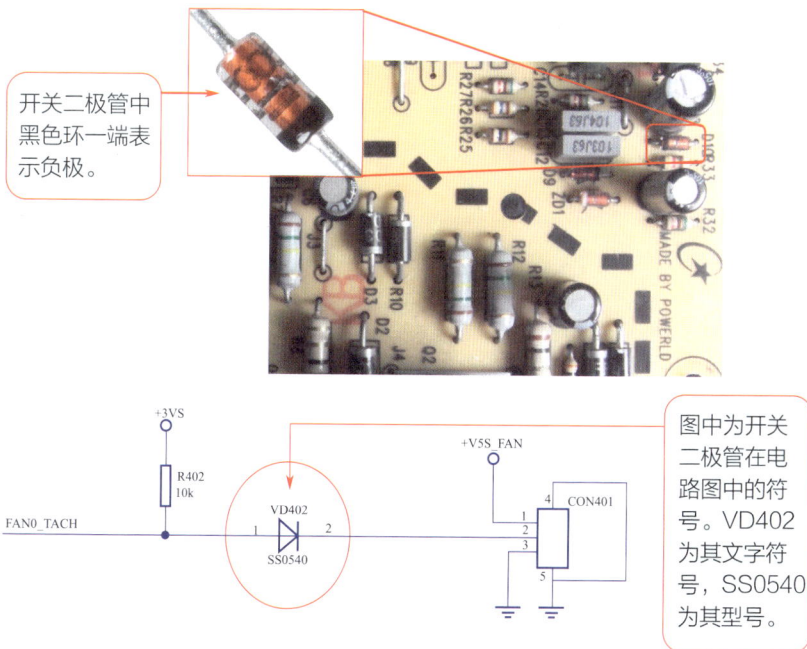

开关二极管中黑色环一端表示负极。

图中为开关二极管在电路图中的符号。VD402为其文字符号,SS0540为其型号。

图 4-39　开关二极管和电路图中开关二极管的符号

压达到一定程度时,反向电流会突然增大,这时二极管便进入了击穿区,其内阻很小,反向电流在很大范围内变化时,二极管两端的反向电压能保持不变,相当于一个恒压源,这种现象称为齐纳效应。如图4-40所示为稳压二极管和电路图中稳压二极管的符号。

电路板中的稳压二极管

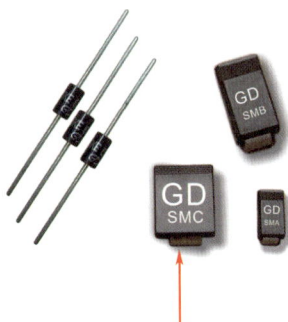

各种封装的稳压二极管

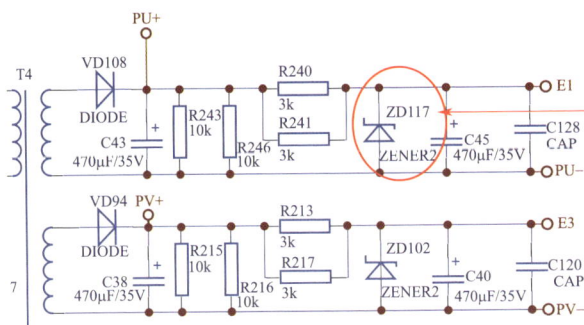

图中为稳压二极管在电路图中的符号。"ZD117"中的ZD为稳压二极管的文字符号,即ZD表示稳压二极管,117是其编号。"ZENER2"为其型号。

图4-40  稳压二极管和电路图中稳压二极管的符号

（4）快恢复二极管

快恢复二极管（简称FRD）是一种开关特性好、反向恢复时间很短、反向击穿电压（耐压值）较高的半导体二极管。它的正向导通压降为0.8～1.1V,反向恢复时间为35～85ns。如图4-41所示为快恢复二极管和电路图中快恢复二极管的符号。

（5）发光二极管

发光二极管是一种能发光的半导体器件。它是由镓与砷、磷、氮、铟的化合物制成的二极管,当电子与空穴复合时能辐射出可见光。磷砷化镓二极管发红光,磷化镓二极管发绿光,氮化硅二极管发黄光,铟镓氮二极管发蓝光。

快恢复二极管

快恢复二极管一般用在开关电源电路中，由于开关电源电路的次级整流电路属于高频整流电路（频率较高），如果使用普通整流二极管，损耗太大，会造成电源整体效率降低，严重时会烧毁二极管，所以最好使用快恢复二极管整流。

图中为快恢复二极管在电路图中的符号。"VD920"中的VD为二极管的文字符号，920是其编号。"SBT150-10LS"为其型号。

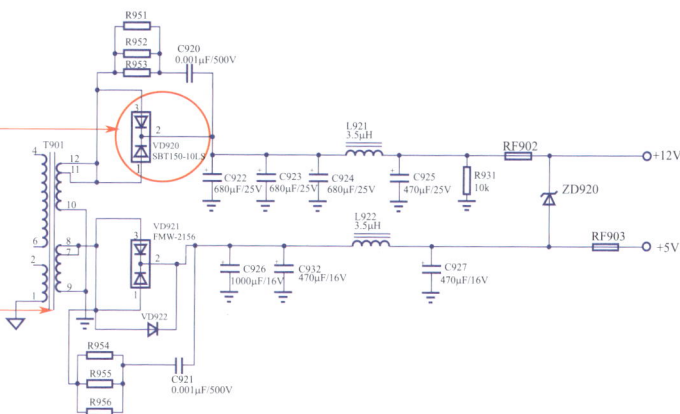

图 4-41　快恢复二极管和电路图中快恢复二极管的符号

发光二极管的内部结构为一个 PN 结而且具有晶体管的特性。当发光二极管的 PN 结上加上正向电压时，会产生发光现象。如图 4-42 所示为发光二极管和电路图中发光二极管的符号。

（6）肖特基二极管

肖特基二极管是一种以金属（金、银、铝、铂等）A 为正极，以 N 型半导体 B 为负极，利用二者接触面上形成的势垒具有整流特性而制成的金属–半导体器件。肖特基二极管具有正向压降低（0.4~0.5V）、反向恢复时间很短（10~40ns）、反向漏电流较大、耐压低、功耗低等特点。其多用作高频 / 低压 / 大电流整流二极管、续流二极管、保护二极管等，一般在工业电路板中比较常见。如图 4-43 所示为肖特基二极管和电路图中肖特基二极管的符号。

发光二极管正向电压为
1.5～3V时，发光二极
管主要用于指示，可组
成数字或符号的LED数
码管。

图中为发光二极管在
电路图中的符号。
VD30为其文字符号，
HT－F196BP5为其参
数，WHITE为其光的
颜色说明。

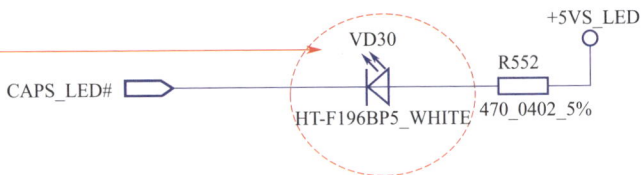

图 4-42　发光二极管和电路图中发光二极管的符号

由于在开关电源中整流二极
管的功耗是主要功耗之一，
因此，当输出电压≤8V时，
一般选用肖特基二极管来整
流，其优点是反向恢复快且
有足够的反向电压。

图中为肖特基二极管在电路
图中的符号（图中肖特基二
极管内部集成了两个稳压二
极管）。VD901为其文字符
号，BAT54C为其型号。

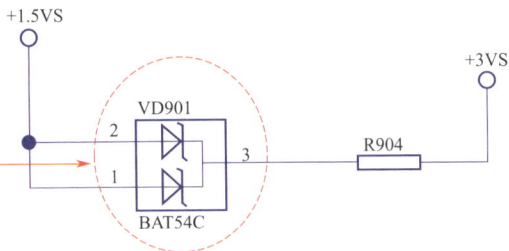

图 4-43　肖特基二极管和电路图中肖特基二极管的符号

### 4.4.1.2　二极管的图形符号和文字符号

维修电路时，通常需要参考电气设备的电路原理图来查找问题，需要掌握电路
图中二极管的符号来进行识读。如表 4-5 所示为常见二极管的电路图形符号和文
字符号。

表 4-5　常见二极管电路符号

| 符号类型 | 普通二极管 | 双向抑制二极管 | 稳压二极管 | 发光二极管 |
|---|---|---|---|---|
| 图形符号 | ▷⊢ | ▷◁⊢ | ▷⊢ | ▷⊢ |
| 文字符号 | VD | VD | ZD | VD |

### 4.4.2　通过测量正反向阻值和管电压判断二极管好坏实战

　　二极管的检测主要利用二极管单向导电的特性，即二极管正向电阻小、反向电阻大。检测时，将指针万用表调到欧姆挡的 ×1k 挡，然后将两表笔接在二极管的两端，测量二极管的正、反向阻值。如果测得二极管的正、反向电阻值都很小，则说明二极管内部已击穿短路或漏电损坏；如果测得二极管的正、反向电阻值均为无穷大，则说明该二极管已开路损坏。

　　除了测量二极管的正反向阻值来判断好坏外，还可以通过测量二极管的管电压来判断二极管好坏。下面用数字万用表的二极管挡来对二极管进行检测，其方法如图 4-44 所示。

二极管挡符号
测量的值为0.574V

①将万用表调到二极管挡。注意：有的万用表二极管挡和蜂鸣挡在一个挡位，需要用"SEL/REL"按键切换。调到二极管挡后，表的显示屏上会出现一个二极管的符号。

②将万用表的红表笔接二极管的正极，黑表笔接负极，测量正向电压。普通二极管正向压降为0.4~0.8V，肖特基二极管的正向压降在0.3V以下，稳压二极管正向压降有可能在0.8V以上。
③如果测量的管电压不在正常范围内，说明二极管损坏。如果测量的二极管正向电压低于0.1V，说明二极管内部短路损坏。

图 4-44　用数字万用表对二极管进行检测的方法

### 4.4.3 如何代换损坏的二极管

当二极管损坏后，可以用同型号的二极管更换。如果没有同型号的二极管，可以用参数相近的其他型号的二极管来代换。

三极管全称为晶体三极管，具有电流放大作用，是电子电路的核心元件。三极管是一种控制电流的半导体器件，其作用是把微弱信号放大成幅度值较大的电信号。

三极管是在一块半导体基片上制作两个相距很近的 PN 结，两个 PN 结把整块半导体分成三部分，中间部分是基区，两侧部分是发射区和集电区，排列方式有 PNP 和 NPN 两种。

三极管按材料分有两种，即锗管和硅管，每一种又有 NPN 和 PNP 两种结构形式，使用最多的是硅 NPN 和锗 PNP 两种三极管。

### 4.5.1 三极管维修基本知识

下面介绍电路板中的三极管，看懂电路图中三极管参数、图形符号等知识。

#### 4.5.1.1 常见三极管维修基本知识

常见的三极管主要有 NPN 型三极管、PNP 型三极管、开关三极管等。

（1）NPN 型三极管

NPN 型三极管由三块半导体构成，其中包括两块 N 型半导体和一块 P 型半导体，P 型半导体在中间，两块 N 型半导体在两侧。如图 4-45 所示为 NPN 型三极管外形、内部结构、圆形符号和电路图中 NPN 型三极管的符号。

（2）PNP 型三极管

PNP 型三极管由两块 P 型半导体中间夹着一块 N 型半导体所组成。PNP 型三极管外形、内部结构、图形符号和电路图中的 PNP 型三极管的符号如图 4-46 所示。

（3）开关三极管

开关三极管的外形与普通三极管外形相同，它工作于截止区和饱和区，相当于电路的关断和导通。由于它具有断路和接通的作用，因此被广泛应用于各种开关电路中，用来控制电路的开启或关闭，如常用的开关电源电路、驱动电路、高频振荡电路、模数转换电路、脉冲电路及输出电路等。如图4-47所示为开关三极管和电路图中开关三极管的符号。

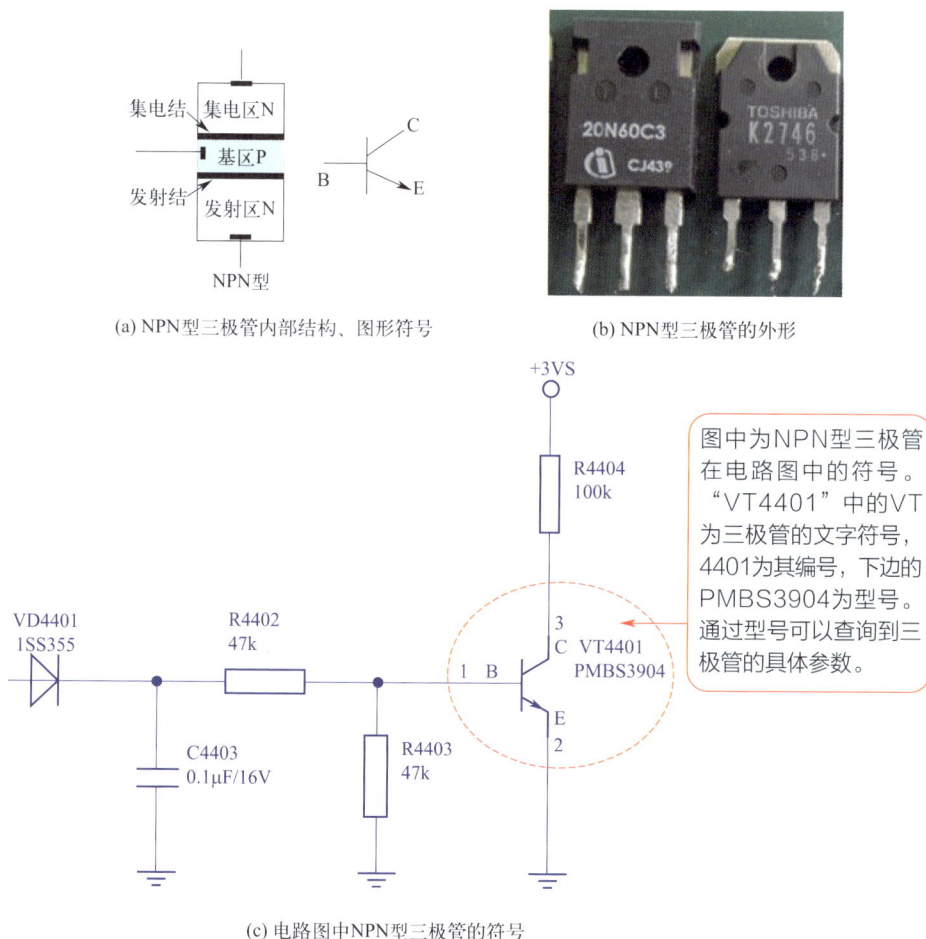

(a) NPN型三极管内部结构、图形符号

(b) NPN型三极管的外形

图中为NPN型三极管在电路图中的符号。"VT4401"中的VT为三极管的文字符号，4401为其编号，下边的PMBS3904为型号。通过型号可以查询到三极管的具体参数。

(c) 电路图中NPN型三极管的符号

图4-45　NPN型三极管外形、内部结构、圆形符号和电路图中NPN型三极管的符号

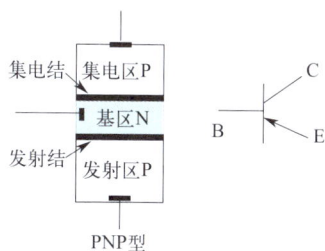

(a) PNP型三极管内部结构、图形符号

(b) PNP型三极管的外形

图4-46

VIN

VT101
SI4835BDY-T1-E3

8
7
6
5

1
2
3

4

R101
47k

C107
47pF

DTA144EUA_SC70-3
VT104

C106
0.47μF

R107
47k

VT105
DTC115EUA_SC70-3

图中为PNP型三极管在电路图中的符号。VT104为其文字符号，上边的DTA144EUA为其型号，SC70-3为封装形式。

(c) 电路图中PNP型三极管的符号

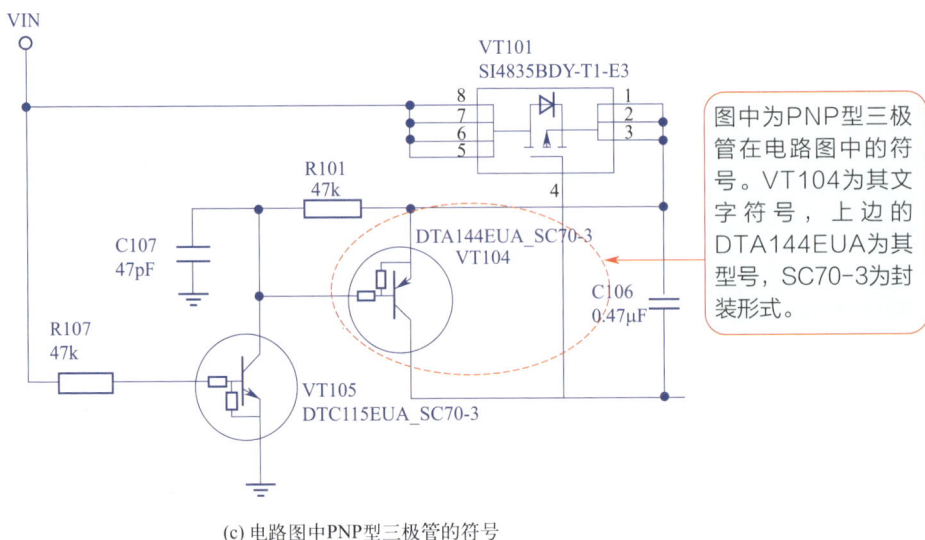

图4-46　PNP型三极管外形、内部结构、圆形符号和电路图中PNP型三极管的符号

开关三极管的突出优点是开关速度快、体积小，可以用很小的电流控制很大电流的通断，大大提高了操作的安全性。

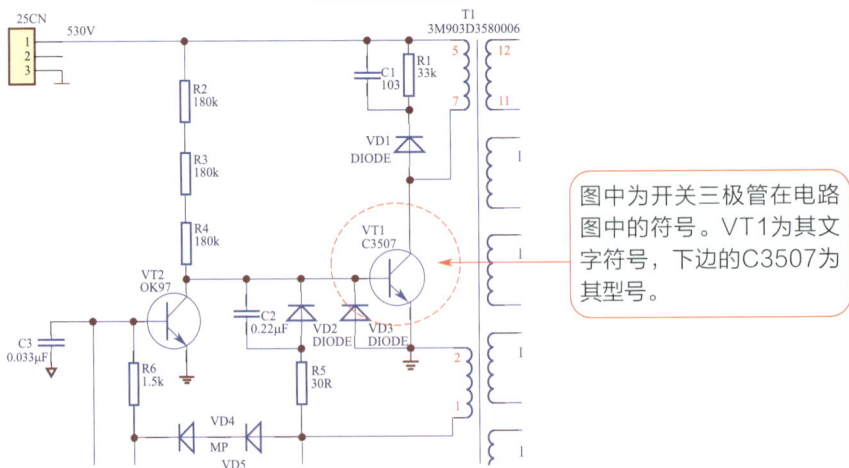

25CN
530V
1
2
3

T1
3M903D3580006

5
7

12
11

R2
180k

R3
180k

R4
180k

C1
103

R1
33k

VD1
DIODE

VT1
C3507

图中为开关三极管在电路图中的符号。VT1为其文字符号，下边的C3507为其型号。

VT2
OK97

C2
0.22μF

VD2
DIODE

VD3
DIODE

2

C3
0.033μF

R6
1.5k

R5
30R

1

VD4
MP
VD5

图4-47　开关三极管和电路图中开关三极管的符号

### 4.5.1.2　三极管的图形符号和文字符号

维修电路时，通常需要参考电气设备的电路原理图来查找问题，需要掌握电路图中三极管符号的识别方法。如表 4-6 所示为常见三极管的电路图形符号和文字符号。

表 4-6　常见三极管电路符号

| 符号类型 | NPN 型三极管 | PNP 型三极管 |
|---|---|---|
| 图形符号 | 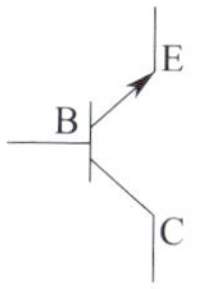 | 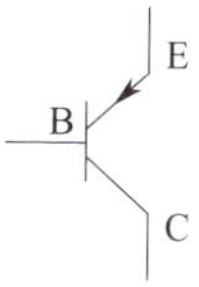 |
| 文字符号 | VT | VT |

### 4.5.1.3　教你检测判断三极管的极性

将万用表调至欧姆挡的 ×100 挡。将黑表笔接在其中一只引脚上，用红表笔分别去接另外两个引脚。观察指针偏转，如果两次测得的指针偏转位置相近，证明该三极管为 NPN 型，且黑表笔所接的电极就是三极管基极（B 极）。

如果将黑表笔分别接这三个引脚均无法得出上述结果，如果该三极管是正常的，可以断定该三极管属于 PNP 型。将红表笔接在其中一个引脚上，用黑表笔分别去接另外两个引脚。观察指针偏转，如果两次测得的指针偏转位置相近，证明该三极管为 PNP 型，且红表笔所接的电极就是三极管基极（B 极）。

接下来用万用表欧姆挡的 ×10k 挡判定三极管的集电极与发射极。首先对 NPN 型三极管进行检测。将红黑表笔分别接在基极之外的两个引脚上，同时将基极引脚与黑表笔相接触，记录指针偏转。交换两表笔再重测一次，并记录指针偏转。对比这两次的测量结果，指针偏转大的那次，红表笔所接的是三极管发射极，黑表笔所接的是三极管集电极。

对于 PNP 型三极管，将红黑表笔分别接在基极之外的两个引脚上，同时将基极引脚与红表笔相接触，记录指针偏转。交换两表笔再重测一次，并记录指针偏转。对比这两次的测量结果，指针偏转大的那次，红表笔所接的是三极管集电极，黑表笔所接的是三极管发射极。

### 4.5.2　通过测量阻值判断三极管好坏实战

通过测量三极管各引脚电阻值来检测三极管好坏如图 4-48 所示。

①利用三极管内PN结的单向导电性，检查各极间PN结的正反向电阻值，如果相差较大说明三极管是好的，如果正反向电阻值都大，说明三极管内部有断路或者PN结性能不好。如果正反向电阻都小，说明三极管极间短路或者击穿了。

②测PNP小功率锗管时，万用表调到欧姆挡的×100挡，红表笔接集电极，黑表笔接发射极，相当于测三极管集电结承受反向电压时的阻值，高频管读数应在50kΩ以上，低频管读数应在几千欧姆到几十千欧姆范围内，测NPN锗管时，表笔极性相反。

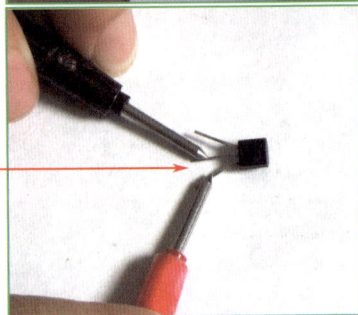

③测NPN小功率硅管时，万用表调到欧姆挡的×1k挡，黑表笔接集电极，红表笔接发射极，由于硅管的穿透电流很小，阻值应在几百千欧姆以上，一般表针不动或者微动。

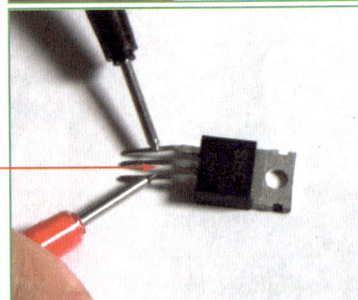

④测大功率三极管时，由于PN结大，一般穿透电流值较大，用万用表欧姆挡的×10挡测量集电极与发射极间反向电阻，应在几百欧姆以上。

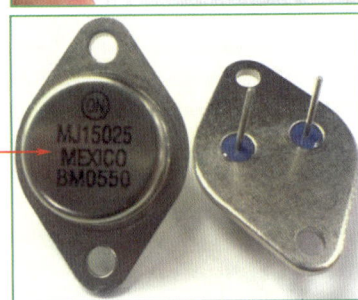

图 4-48　测量各种三极管的阻值

　　诊断方法：如果测得阻值偏小，说明三极管穿透电流过大；如果测试过程中表针缓缓向低阻方向摆动，说明三极管工作不稳定；如果用手捏管壳，阻值减小很多，说明三极管热稳定性很差。

### 4.5.3 如何代换损坏的三极管

三极管的代换方法如图 4-49 所示。

当三极管损坏后，最好选用同类型（材料相同、极性相同）、同特性（参数和特性曲线相近）、同外形的三极管替换。如果没有同型号的三极管，则应选用耗散功率、最大集电极电流、最高反向电压、频率特性、电流放大系数等参数相同的三极管代换。

图 4-49　三极管的代换方法

# 4.6 ▶ 场效应管好坏检测实战

场效应晶体管简称场效应管，是一种用电压控制电流大小的器件，是通过控制输入回路的电场效应来控制输出回路电流的半导体器件，带有 PN 结。

### 4.6.1 场效应管维修基本知识

下面介绍电路板中常用的场效应管，看懂电路图中场效应管参数、图形符号等知识。

#### 4.6.1.1 常见场效应管维修基本知识

目前场效应管的品种很多，但可划分为两大类：一类是结型场效应管（JFET），另一类是绝缘栅型场效应管（MOS 管）。按沟道材料和绝缘栅型可分为 N 沟道和 P 沟道两种；按导电方式可分为耗尽型与增强型。结型场效应管均为耗尽型，绝缘栅型场效应管既有耗尽型，也有增强型。

（1）结型场效应管（JFET）

结型场效应管是在一块 N 型（或 P 型）半导体棒两侧各做一个 P 型区（或 N

型区），形成两个 PN 结。把两个 P 区（或 N 区）并联在一起，引出一个电极，称为栅极（G），在 N 型（或 P 型）半导体棒的两端各引出一个电极，分别称为源极（S）和漏极（D）。夹在两个 PN 结中间的 N 区（或 P 区）是电流的通道，称为沟道。这种结构的场效应管称为 N 沟道（或 P 沟道）结型场效应管。如图 4-50 所示为结型场效应管和电路图中结型场效应管的符号。

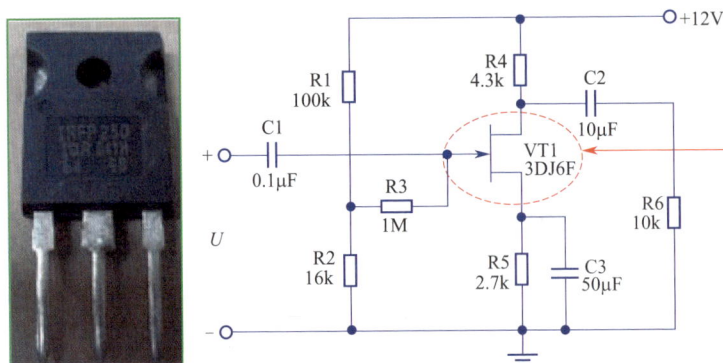

图中为结型场效应管在电路图中的符号。"VT1"中的 VT 为场效应管的文字符号，1 是其编号。"3DJ6F"为其型号。

图 4-50　结型场效应管和电路图中结型场效应管的符号

（2）绝缘栅型场效应管（MOS 管）

绝缘栅型场效应管是以一块 P 型薄硅片作为衬底，在它上面做两个高杂质的 N 型区，分别作为源极 S 和漏极 D。在硅片表面覆盖一层绝缘物，然后再用金属铝引出一个电极 G（栅极）。如图 4-51 所示为绝缘栅型场效应管和电路图中绝缘栅型场效应管的符号。

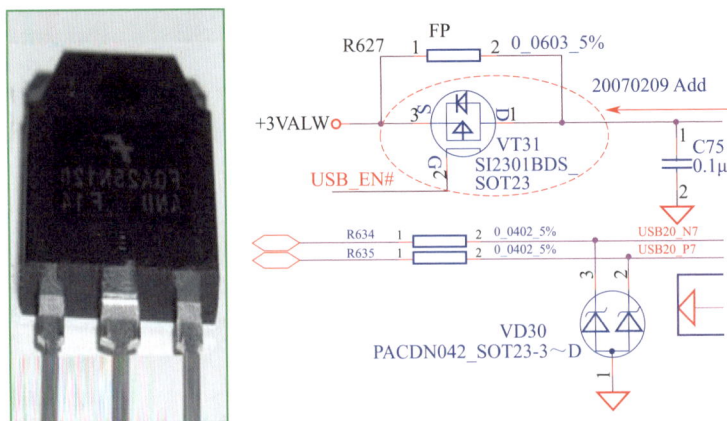

图中为耗尽型P沟道绝缘栅型场效应管在电路图中的符号。VT31为其文字符号，下边的SI2301BDS_SOT23为型号等参数。其中SI2301BDS为其型号，SOT23为封装形式。

图中为耗尽型N沟道绝缘栅型场效应管在电路图中的符号。VT11为其文字符号，AON6426L为其型号。

图中为增强型N沟道绝缘栅型场效应管在电路图中的符号。VT50为其文字符号，DMN601K-7为其型号。

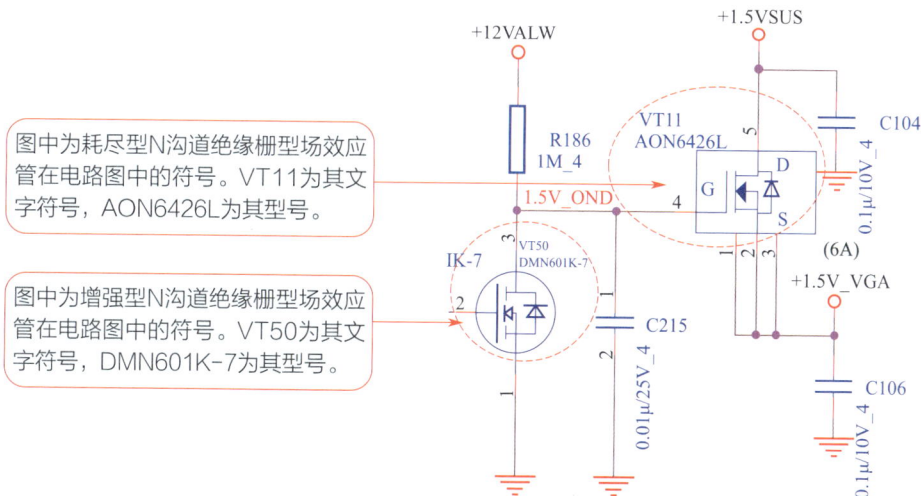

图 4-51　绝缘栅型场效应管和电路图中绝缘栅型场效应管的符号

### 4.6.1.2　场效应管的图形符号和文字符号

维修电路时，通常需要参考电气设备的电路原理图来查找问题，需掌握电路图中场效应管的符号识别方法。如表 4-7 所示为常见场效应管的电路图形符号和文字符号。

表 4-7　常见场效应管电路符号

| 符号类型 | | 绝缘栅型（MOS 管） | | 结型（JFET） |
|---|---|---|---|---|
| | | 增强型 | 耗尽型 | |
| 图形符号 | N 沟道 |  |  |  |
| | | 增强型 | 耗尽型 | |
| | P 沟道 |  |  |  |
| 文字符号 | | VT | VT | VT |

### 4.6.2　数字万用表检测场效应管好坏实战

用数字万用表检测场效应管的方法如图 4-52 所示。

### 4.6.3　指针万用表检测场效应管好坏实战

用指针万用表检测场效应管的方法如图 4-53 所示。

①将数字万用表调到二极管挡，然后将场效应管的三个引脚短接放电。接着用两表笔分别接触场效应管三个引脚中的两个，测得三组数据。

②如果其中两组数据为"1,"（无穷大），另一组数据在0.3～0.8V之间，说明场效应管正常；如果其中有一组数据为0，则说明场效应管被击穿。

图 4-52　用数字万用表检测场效应管的方法

①测量场效应管的好坏也可以使用万用表欧姆档的×1k挡。测量前同样须将三个引脚短接放电，以避免测量中产生误差。

②用万用表的两表笔任意接触场效应管的两个引脚，好的场效应管测量结果应只有一次有读数，并且值在4～8kΩ，其他均为无穷大。

③如果在最终测量结果中测得只有一次有读数，并且为"0"时，须短接该组引脚重新测量；如果重测后阻值在4～8kΩ则说明场效应管正常；如果有一组数据为0，说明场效应管已经被击穿。

图 4-53　用指针万用表检测场效应管的方法

### 4.6.4　如何代换损坏的场效应管

场效应管代换方法如图 4-54 所示。

①场效应管损坏后，最好用同类型、同特性、同外形的场效应管更换。如果没有同型号的场效应管，则可以采用其他型号的场效应管代换。

②一般N沟道的与N沟道的场效应管代换，P沟道的与P沟道的场效应管进行代换。

③功率大的可以代换功率小的场效应管。小功率场效应管代换时，应考虑其输入阻抗、低频跨导、夹断电压或开启电压、击穿电压等参数；大功率场效应管代换时，应考虑击穿电压（应为功放工作电压的2倍以上）、耗散功率（应达到放大器输出功率的50%～100%）、漏极电流等参数。

图4-54　场效应管代换方法

# 4.7 变压器好坏检测实战

变压器是利用电磁感应的原理来改变交流电压的装置，它可以把一种电压的交流电转换成相同频率的另一种电压的交流电。变压器主要由初级线圈、次级线圈和铁芯（磁芯）组成。其中开关电源电路中主要使用的是开关变压器。

## 4.7.1 变压器维修基本知识

下面介绍电路板中常用变压器，看懂电路图中变压器参数、图形符号等知识。

### 4.7.1.1 常见变压器维修基本知识

变压器是电路中常见的元器件之一，在电源电路中被广泛地使用。如图4-55所示为常用的开关变压器和电路图中开关变压器的符号。

电源开关变压器是小型电气设备的电源中常用的元件之一，它可以实现功率传送、电压变换和绝缘隔离。当交流电流流过其中一组线圈时，另一组线圈中将感应出具有相同频率的交流电流。

图4-55

R317
10

V304
HS817

R315
180

C324
0.1μ

R318
10k

R321
2k

VD307
21DQ10

R314
NC

309
200

VD305
SF16

VD308
31DQ06

C327
470μ

VD310
SF16

T301
BCK-700A

C326
100μ

L305
ZBF2531

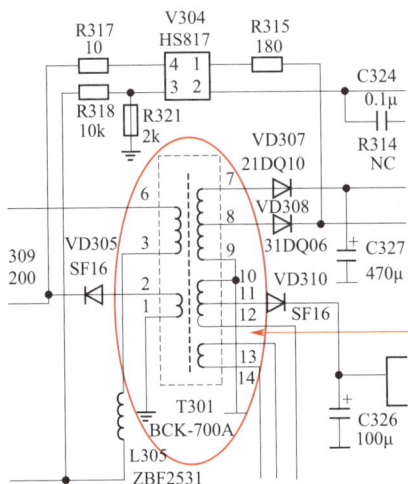

图中为开关变压器在电路图中的符号。"T301"中的T为变压器的文字符号，即T表示变压器，301是其编号。

"BCK-700A"为其型号。

图中，变压器中间的虚线表示变压器初级线圈和次级线圈之间设有屏蔽层。变压器的初级有2组线圈，可以输入2种交流电压，次级有3组线圈，并且其中2组线圈中间还有抽头，可以输出5种电压。

变压器的初级线圈有2组线圈，可以输入2种电压，次级线圈有1组线圈，输出1种电压。

电源变压器，T1为其文字符号，TRANS66为其型号。实线表示变压器中心带铁芯。

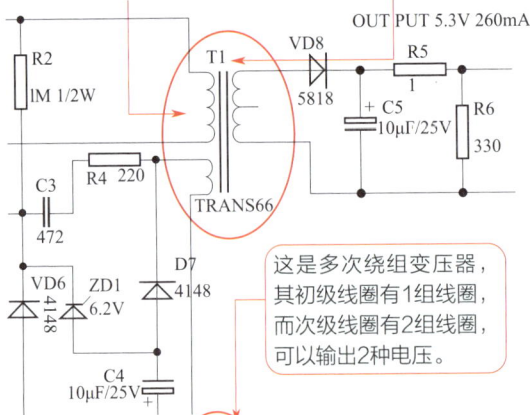

OUT PUT 5.3V 260mA

R2
1M 1/2W

T1

VD8
5818

R5
1

C5
10μF/25V

R6
330

C3
472

R4 220

TRANS66

VD6
4148

ZD1
6.2V

D7
4148

C4
10μF/25V

这是多次绕组变压器，其初级线圈有1组线圈，而次级线圈有2组线圈，可以输出2种电压。

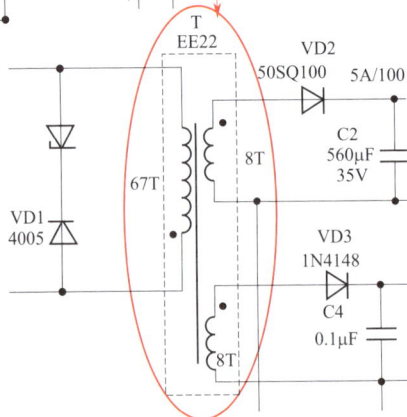

T
EE22

VD2
50SQ100

5A/100

C2
560μF
35V

67T

8T

VD1
4005

VD3
1N4148

C4
0.1μF

8T

图 4-55　工业电路板中常用的开关变压器和电路图中开关变压器的符号

#### 4.7.1.2 变压器的图形符号和文字符号

维修电路时，通常需要参考电气设备的电路原理图来查找问题，需掌握电路图中变压器符号的识别方法。如表 4-8 所示为常见变压器的电路图形符号和文字符号。

表 4-8 常见变压器电路符号

| 符号类型 | 单二次绕组变压器 | 多次绕组变压器 | 二次绕组带中心抽头变压器 |
|---|---|---|---|
| 图形符号 | | | |
| 文字符号 | T | T | T |

### 4.7.2 通过观察外观来检测变压器好坏

通过观察外观来检测变压器的方法如图 4-56 所示。

①检测变压器首先要检查变压器外表是否有破损，观察线圈引线是否断裂、脱焊，绝缘材料是否有烧焦痕迹，铁芯紧固螺杆是否有松动，硅钢片有无锈蚀，绕组线圈是否有外露，等。如果有这些现象，说明变压器有故障。

②同时在空载加电后几十秒之内用手触摸变压器的铁芯，如果有烫手的感觉，则说明变压器有短路点存在。

图 4-56 通过观察外观来检测变压器的方法

### 4.7.3 通过测量变压器绝缘性判断好坏实战

通过测量绝缘性检测变压器的方法如图 4-57 所示。

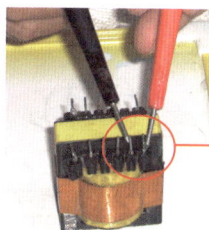

①变压器的绝缘性测试是判断变压器好坏的一种好的方法。测试绝缘性时，将指针万用表的挡位调到欧姆挡的 ×10k 挡。然后分别测量铁芯与初级、初级与各次级、铁芯与各次级、静电屏蔽层与初次级、次级各绕组间的电阻值。

②如果万用表指针均指在无穷大位置不动，说明变压器正常。否则，说明变压器绝缘性能不良。

图 4-57 通过测量绝缘性检测变压器的方法

### 4.7.4 通过检测变压器线圈通断判断好坏实战

通过检测线圈通断检测变压器的方法如图 4-58 所示。

①如果变压器内部线圈发生断路，变压器就会损坏。检测时，将指针万用表调到欧姆档的×1挡进行测试。
②如果测量某个绕组的电阻值为无穷大，则说明此绕组有断路性故障。

图 4-58　通过检测线圈通断检测变压器的方法

### 4.7.5 如何代换损坏的变压器

电源变压器的代换方法如图 4-59 所示。

①当电源变压器损坏后，可以选用铁芯材料、输出功率、输出电压相同的电源变压器代换。在选择电源变压器时，要与负载电路相匹配，电源变压器应留有功率余量，输出电压应与负载电路供电部分的交流输入电压相同。

②对于电源电路，可选用"E"型铁芯电源变压器。对于高保真音频功率放大器的电源电路，则应选用"C"型变压器或环型变压器。

图 4-59　电源变压器的代换方法

## 4.8 继电器好坏检测实战

继电器是自动控制中常用的一种电子元器件，它是利用电磁原理、机电或其他方法实现接通或断开一个或一组接点的一种自动开关，可实现对电路的控制功能。继电器是在自动控制电路中起控制与隔离作用的执行部件，它实际上是一种可以用低电压、小电流来控制大电流、高电压的自动开关。其中，电磁继电器主要由铁芯、电磁线圈、衔铁、复位弹簧、触点、支座及引脚等组成。

### 4.8.1 继电器维修基本知识

下面介绍电路板中常用的继电器，看懂电路图中继电器参数、图形符号等知识。

### 4.8.1.1 常见继电器维修基本知识

继电器是一种电子控制器件，它具有控制电路的功能。继电器的分类方法较多，最常用的继电器为电磁继电器。如图 4-60 所示为电磁继电器和电路图中电磁继电器的符号。

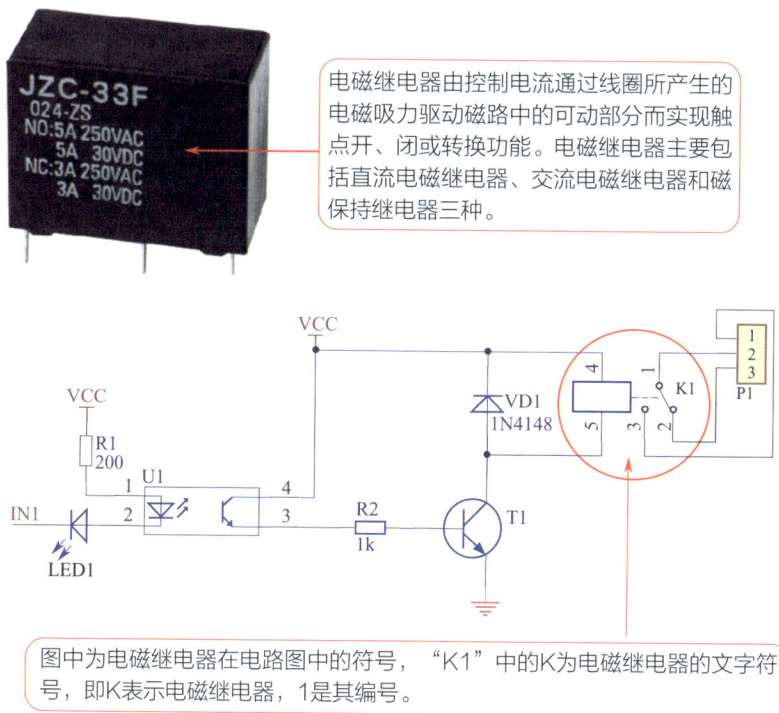

电磁继电器由控制电流通过线圈所产生的电磁吸力驱动磁路中的可动部分而实现触点开、闭或转换功能。电磁继电器主要包括直流电磁继电器、交流电磁继电器和磁保持继电器三种。

图中为电磁继电器在电路图中的符号，"K1"中的K为电磁继电器的文字符号，即K表示电磁继电器，1是其编号。

图 4-60　电磁继电器和电路图中电磁继电器的符号

### 4.8.1.2 继电器的图形符号和文字符号

维修电路时，通常需要参考电气设备的电路原理图来查找问题，需掌握电路图中电磁继电器符号的识别方法。如图 4-61 所示为常见电磁继电器的电路图形符号。

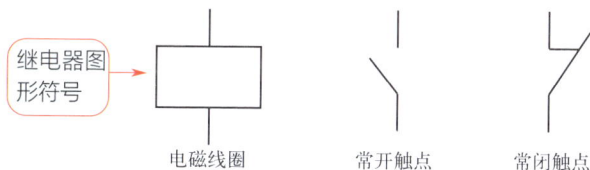

继电器图形符号　→　电磁线圈　　　常开触点　　　常闭触点

图 4-61　电磁继电器的图形符号

### 4.8.2 通过测量线圈阻值判断继电器好坏实战

测量继电器的方法如图 4-62 所示。

①将万用表的挡位调到欧姆档的×1挡，然后将两表笔分别接到固态继电器的输入端和输出端引脚上，测量其正反向电阻值的大小。

②如果继电器的输入端正向电阻为一个固定值，反向电阻为无穷大，而输出端的正反向电阻均为无穷大，则可以判断此继电器正常。如果反向阻值为0，则继电器线圈短路损坏。如果输出端阻值为0，说明继电器触点有短路损坏。

图 4-62　测量继电器

---

## 4.9 ▶ 晶振好坏检测实战

晶振是晶体振荡器（有源晶振）和晶体谐振器（无源晶振）的统称，其作用为产生原始的时钟频率，这个频率经过频率发生器的放大或缩小后就成了电路中各种不同的总线频率。通常无源晶振需要借助于时钟电路才能产生振荡信号，自身无法振荡起来，而有源晶振是一个完整的谐振振荡器，可自己产生振荡信号。

### 4.9.1 晶振维修基本知识

下面介绍电路板中常用的晶振，看懂电路图中晶振参数、图形符号等知识。

#### 4.9.1.1 常见晶振维修基本知识

晶振是一种能把电能和机械能相互转化的晶体，在通常工作条件下，普通的晶振频率绝对精度可达百万分之五十，可以提供稳定、精确的单频振荡。利用该特性，晶振可以提供较稳定的脉冲，被广泛应用于微芯片时钟电路里。晶振多为石英半导体材料，外壳用金属封装。

常见的晶振一般为普通晶体振荡器（SPXO），如图 4-63 所示为常见的晶振和电路图中晶振的符号。

两引脚普通晶振，频率为25.0MHz

贴片普通晶振，频率为25.000MHz

图中为晶振在电路图中的符号。Y4为其文字符号，27MHz为其频率

C574和C572是两个谐振电容，与晶振一同工作

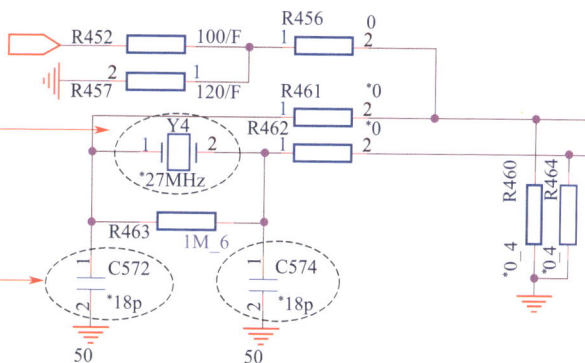

图4-63　常见的晶振和电路图中晶振的符号

## 4.9.1.2　晶振的图形符号和文字符号

维修电路时，通常需要参考电气设备的电路原理图来查找问题，需掌握电路图中晶振符号的识别方法。如表4-9所示为常见晶振的电路图形符号和文字符号。

表4-9　常见晶振电路符号

| 符号类型 | 两端晶振 | 三端晶振 | 四端晶振 |
|---|---|---|---|
| 图形符号 |  |  |  |
| 文字符号 | X 或 Y | X 或 Y | X 或 Y |

### 4.9.2　通过电压、阻值、波形判断晶振好坏实战

晶振的常用检测方法包括测电压、测对地阻值、测正反向阻值、测量波形及代换检测等，下面将重点讲解这些检测方法。

#### 1）测量晶振的电压

检测时，先给电路板加电，然后用万用表测量晶振两引脚的电压。正常情况下两引脚电压不一样，会有一个压差。如果无压差，晶振已发生损坏。如图4-64所示。

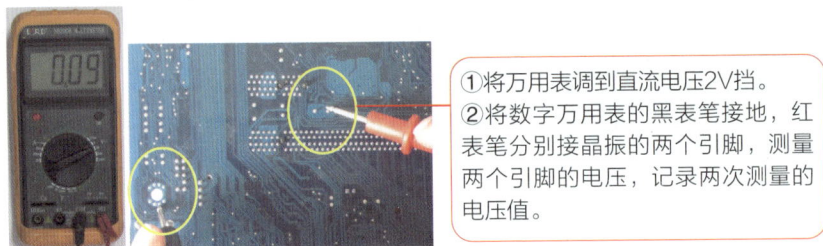

①将万用表调到直流电压2V挡。
②将数字万用表的黑表笔接地，红表笔分别接晶振的两个引脚，测量两个引脚的电压，记录两次测量的电压值。

图4-64　测量晶振电压

#### 2）测量对地阻值

检测时，分别测量两个引脚的对地电阻值，正常情况下晶振两引脚的对地电阻值应在300～800Ω。如果超过这一范围，晶振已发生损坏。如图4-65所示。

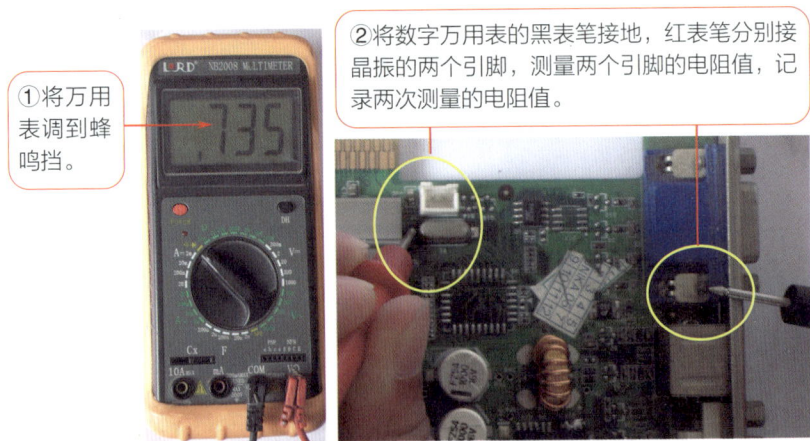

①将万用表调到蜂鸣挡。

②将数字万用表的黑表笔接地，红表笔分别接晶振的两个引脚，测量两个引脚的电阻值，记录两次测量的电阻值。

图4-65　测量晶振对地阻值

#### 3）测量晶振引脚间的正反向阻值

检测时，开路检测晶振两个引脚间的正反向阻值，正常情况下，无论是正向阻

值还是反向阻值均应为无穷大，否则说明晶振已发生损坏。如图 4-66 所示。

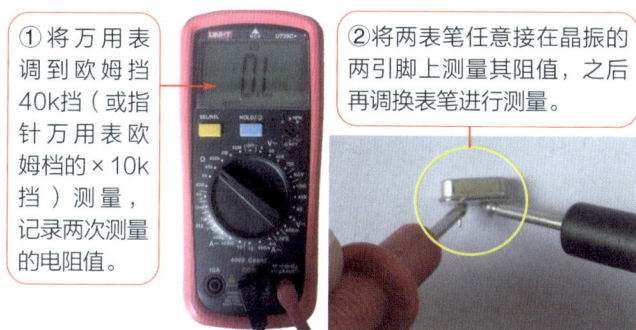

① 将万用表调到欧姆挡 40k挡（或指针万用表欧姆档的×10k挡）测量，记录两次测量的电阻值。

② 将两表笔任意接在晶振的两引脚上测量其阻值，之后再调换表笔进行测量。

图 4-66　测量晶振引脚间的正反向阻值

#### 4）测量晶振的波形

将测量的电路板通电，然后用频率表或示波器测量其工作频率，正常情况下，其工作频率应在标识频率范围内。如图 4-67 所示。

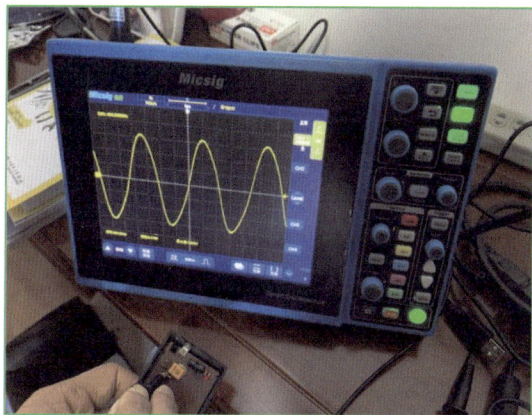

图 4-67　测量晶振的波形

### 4.9.3　如何代换损坏的晶振

由于晶振的工作频率及所处的环境温度普遍都比较高，所以晶振比较容易出现故障。相当一部分电路对晶振的要求是非常严格的，通常在更换晶振时都要用原型号的新品，否则将无法正常工作。

# 4.10 集成运算放大器好坏检测实战

集成运算放大器简称集成运放或运放，它是由多级直接耦合放大电路组成的高增益模拟集成电路。集成运算放大器是线性集成电路中最通用的一种。集成运算放大器是一种可以进行数学运算的放大电路，其不仅可以通过增大或减小模拟输入信号来实现放大或缩小，还可以进行加减法以及微积分等运算。所以，在变频电路中集成运算放大器被广泛应用于各种检测电路中。如图 4-68 所示为电路中的集成运算放大器。

图 4-68　电路中的集成运算放大器

## 4.10.1　集成运算放大器维修基本知识

下面介绍电路板中常用的集成运算放大器，看懂电路图中运算放大器参数、图形符号等知识。

### 4.10.1.1　集成运算放大器的符号及内部结构

典型的集成运算放大器具有一个同相输入端，一个反相输入端，两个直流电源引脚（正极和负极），一个输出端。在电路图中，为了简化电路，电源的正负极经常被省略。如果图中电源引脚未画出，通常默认它为双极性供电。集成运算放大器在电路中常用字母"IC"加数字表示，如图 4-69 所示为运算放大器图形符号及内部结构。

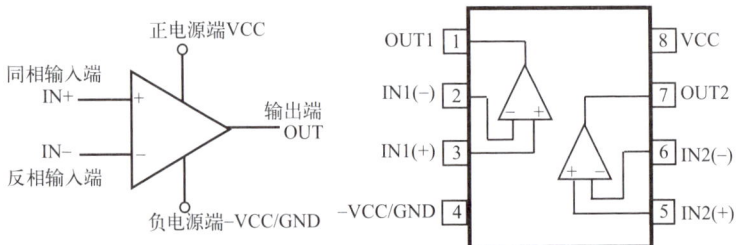

图 4-69　运算放大器图形符号及内部结构

### 4.10.1.2 常用集成运算放大器

常用的集成运算放大器主要有单运算放大器集成电路、双运算放大器集成电路、四运算放大器集成电路等。

（1）单运算放大器集成电路

单运算放大器集成电路是指内部包含一个独立、高增益的运算放大器，单运算放大器集成电路采用 8 脚 DIP-8 封装或 SO-8 封装，如图 4-70 所示为单运算放大器引脚功能及内部结构。

图中，3脚为同相输入端，2脚为反相输入端，6脚为输出端，1脚和5脚为外接调零端，7脚和4脚分别为正、负电源端。电路中常用的单运算放大器集成电路主要有TL081、LM318等。

图 4-70　单运算放大器引脚功能及内部结构

（2）双运算放大器集成电路

双运算放大器集成电路内部包含两个独立的、高增益的、完全相同的运算放大器，除电源共用外，两组运放相互独立。如图 4-71 所示为双运算放大器引脚功能及内部结构。

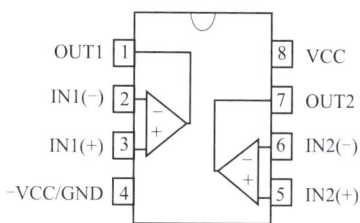

图中，3脚和5脚为同相输入端，2脚和6脚为反相输入端，1脚和7脚为输出端，8脚和4脚分别为正、负电源端。电路中常用的双运算放大器集成电路主要有TL082、LM393、LM358等。

图 4-71　双运算放大器引脚功能及内部结构

（3）四运算放大器集成电路

四运算放大器集成电路内部包含四个独立的、高增益的、完全相同的运算放大器，除电源共用外，四组运放相互独立。如图 4-72 所示为四运算放大器引脚功能及内部结构。

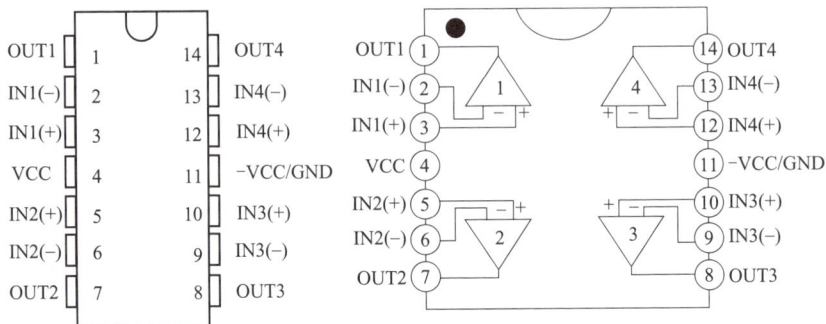

图中，3脚、5脚、10脚和12脚为同相输入端，2脚、6脚、9脚和13脚为反相输入端，1脚、7脚、8脚和14脚为输出端，4脚和11脚分别为正、负电源端。电路中常用的四运算放大器集成电路主要有TL084、LF347、LM324、LM339等。

图 4-72　四运算放大器的引脚功能和内部结构

### 4.10.2　通过测量阻值 / 电压判断集成运算放大器好坏实战

测量运放时，使用万用表的欧姆挡检测各引脚间的电阻值，既可以判断运放的好坏，还可以检查运放各参数的一致性。如图 4-73 所示。

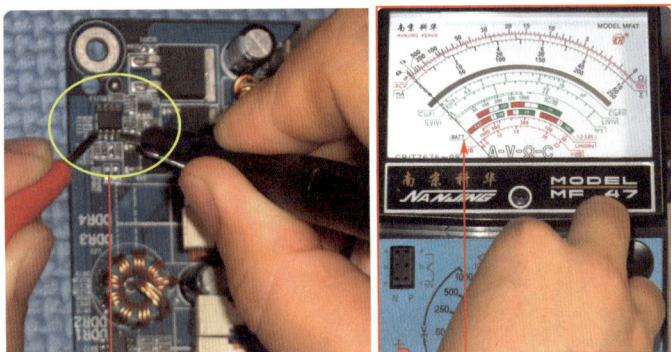

测量时选用指针万用表欧姆档的×1k挡，依次测出运放芯片各引脚的电阻值，同相输入端IN+和正电源端VCC、负电源端−VCC间的阻值，反相输入端IN−和正电源端VCC、负电源端−VCC间的阻值，输出端OUT和正电源端VCC、负电源端−VCC间的阻值，同相输入端IN+和反相输入端IN−间的电阻值。只要各对应引脚之间的电阻值基本相同，就说明参数的一致性较好。

图 4-73　检测运算放大器各引脚间的电阻值

注意：测量阻值检测法有一定的局限性，最好将相同型号集成运算放大器的在线或离线测试的经验数据作参考和比较，没有经验测试数据时也要有同型号的集成运算放大器来做离线测量作比较，否则即便测出了电阻也难以判断。

另外，可以通过检测输出端与负电源端电压值判断运算放大器好坏，如图4-74所示。

①用万用表直流电压挡的10V挡，测量集成运算放大器的输出端与负电源端之间的电压值，在静态时电压值会相对较高。

②用金属镊子依次点触集成运算放大器的两个输入端，给其施加干扰信号。如果万用表的读数有较大的变动，说明该集成运算放大器是完好的；如果万用表读数没变化，说明该集成运算放大器已经损坏了。

图4-74　集成运算放大器的检测方法

# 第 5 章

# 变频电路维修方法和加电经验

在维修变频电路之前，最好掌握一些变频电路板的常用维修方法和给电路板加电的经验等知识，本章将详细讲解这些维修内容。

## 5.1 变频电路常用维修方法

电路板的常用维修方法有很多，如测电阻法、测电压法等，下面详细介绍一些常用的维修方法。

### 5.1.1 观察法

观察法是电路板维修过程中最基本、最直接和最重要的一种方法，通过观察电路板的外观以及电路板上的元器件是否异常来检查故障。如图 5-1 所示。

在维修电路板时，首先观察电路板上的电容是否有鼓包、漏液或严重损坏；电阻、电容引脚或焊点是否有异常，表面是否烧焦；芯片是否开裂，电路板上的铜箔是否烧断；各个接口插头、插槽、插座是否歪斜。查看是否有金属导电物掉进电路板上的缝隙里面。查看电路板上各条线路是否有短路、断路。

图 5-1 电路板中爆裂的电容器

### 5.1.2 串联灯泡法

串联灯泡法是指将一个 60W/220V 的灯泡串接在电源电路板的熔断器（保险

管）的两端，然后通过灯泡亮度判断电路板是否有短路故障的方法，同时还可以防止测试时发生"炸板"的现象。如图 5-2 所示。

当给串入灯泡的电源电路板通电后，由于灯泡有大约800Ω的阻值，可以起到一定的限流作用，不至于立即使电路板中有短路的电路元器件烧坏。如果灯泡很亮，说明电源电路板有短路现象。接下来排除短路故障，排除时根据灯泡的亮度判断故障位置，如果故障排除，灯泡的亮度会变暗。最后，再更换熔断器就可以了。

图 5-2　串联灯泡法

### 5.1.3　测电压法

测电压法也是电路维修过程中常用且有效的方法之一。电子电路在正常工作时，电路中各点的工作电压表征了一定范围内元器件、电路工作的情况，当出现故障时电压必然发生改变。测电压法运用万用表查出电压异常情况，并根据电压的变化情况和电路的工作原理作出推断，找出具体的故障原因。如图 5-3 所示为使用万用表检测元器件电压。

测电压法的原理是通过检测电路中某些测试点有无工作电压，电压是偏大还是偏小，判断产生电压变化的原因，这个原因也就是故障的原因。电路在正常工作时，各部分的工作电压值是唯一的，当电路出现开路、短路、元器件性能变化等情况，电压值必然会有相应的变化，测电压法就是要检测到这种变化情况，然后加以分析。

图 5-3　使用万用表检测元器件电压

### 5.1.4　测电阻法

测电阻法是电路维修过程中常用的方法之一，它主要是通过测量元器件阻值大小来大致判断芯片和电子元器件的好坏，以及判断电路中是否存在严重短路和开路的情况。短路和开路是电路故障的常见形式。短路通过阻值异常降低的方法判断，开路通过阻值异常升高的方法来判断。判断电路或元件是否短路，粗略的办法是使用万用表蜂鸣挡。蜂鸣挡测试时，一般阻值小于 20Ω 时蜂鸣器会发声。如图 5-4 所示为使用万用表测量元器件电阻。

一般小阻值元件，如保险管、线圈等可以通过蜂鸣挡来判断好坏，如果没有发出蜂鸣声，则元器件可能出现断路故障。大功率三极管、MOS管等元器件的故障多为短路，检测时，用万用表蜂鸣挡测量元器件引脚间的阻值，如果发出蜂鸣声，则出现短路故障。同样对于各组电源正负之间也要测量有无短路。对于各个集成芯片对电源端的短路问题，可以用万用表蜂鸣挡，测试各芯片引脚对电源的正负端之间有无短路。在维修检测时，这些测试工作都是顺手而为，耗不了多少功夫。

图 5-4　使用万用表测量元器件电阻

### 5.1.5　替换法

替换法就是用好的元器件去替换怀疑有问题的元器件，若故障消失，说明判断正确，否则需要进一步检查、判断。用替换法可以检查电路板中所有元器件的好坏，并且结果一般都是正常无误的。

使用替换法时应重点检测替换故障率最高的元器件，且在替换元器件前，应先检测一下此元器件的供电电压，看是否为供电问题引起的元器件没工作，排除元器件的供电问题后再使用替换法。

## 5.2　给电路板加电经验

### 5.2.1　变频电路板的工作电压

变频电路板的工作电压特点如图 5-5 所示。

### 5.2.2　电路板直流工作电压测量规律

测量直流电压时，选择合适的直流电压挡，黑表笔接地线，红表笔接待测点，根据测量结果判断。

① 整机直流工作电压空载时比工作时高出好几伏，越高说明电源内阻越大。

② 整机中整流电路输出端直流电压最高，沿 RC 滤波、退耦电路逐渐降低。

③ 有极性电解电容两端电压，正极端高于负极端。

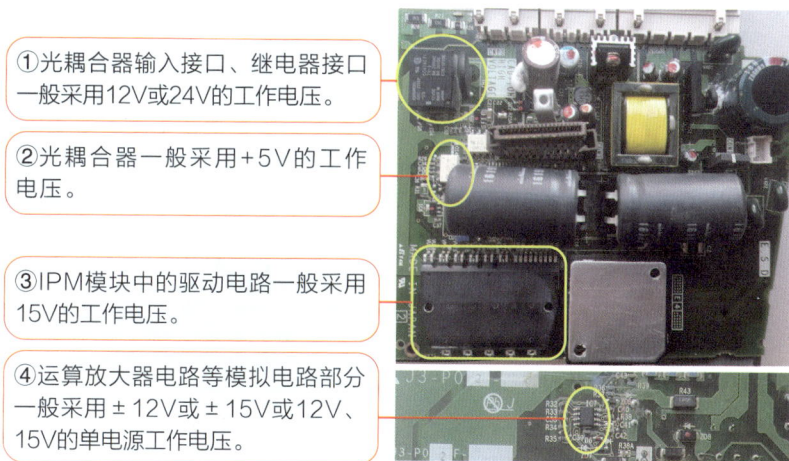

①光耦合器输入接口、继电器接口一般采用12V或24V的工作电压。

②光耦合器一般采用+5V的工作电压。

③IPM模块中的驱动电路一般采用15V的工作电压。

④运算放大器电路等模拟电路部分一般采用±12V或±15V或12V、15V的单电源工作电压。

图 5-5　变频电路板的工作电压特点

④ 如果电容两端电压为零，只要电路中有直流工作电压，则说明该电容已短路。电感两端直流电压应接近于零，否则是开路故障。

⑤ 电路中有直流工作电压时，电阻两端应有压降，否则电阻电路有故障。

### 5.2.3　加电前找电源节点

加电之前，要先找到电源节点。确定加电节点的方法如下。

① 找到稳压芯片的输入输出及接地端，再确定电源电压接入点。如图 5-6 所示。

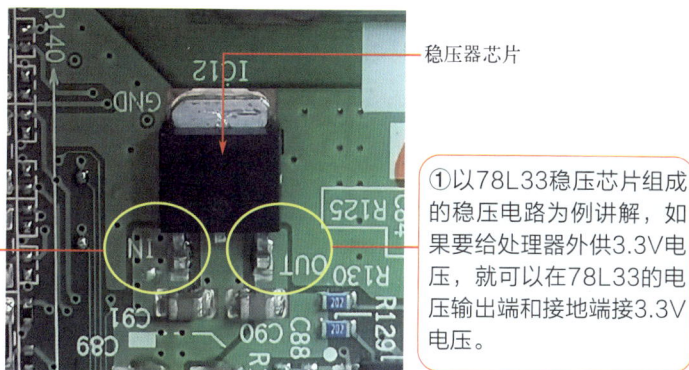

稳压器芯片

②如果3.3V供电电路之前还有其他电路需要一起测试，则可在78L33的输入端和地端之间加5V以上的电压。

①以78L33稳压芯片组成的稳压电路为例讲解，如果要给处理器外供3.3V电压，就可以在78L33的电压输出端和接地端接3.3V电压。

图 5-6　电源接入点

② 通过查看芯片的数据手册，找出芯片电源引脚，确定电源电压加入点。比如 TTL 芯片的工作电压是 5V，通常芯片第一排的最后一脚是接地脚，而第二排的最后一脚是电源脚。如图 5-7 所示。

图中为光耦合器芯片，其第1脚为电源脚，第4脚为接地脚。加电测试时，可用导线焊在芯片的对应电源引脚上，然后用鳄鱼夹将测试电源夹在引出的导线上。

图5-7　给芯片外接供电

③ 对于电源电压不明确的板子，找到大的滤波电解电容，一般情况下，电容正负两端就是电源端，通过观察电容上标注的耐压值还可估计系统所用电压大小，如图5-8所示。

图中电容器的耐压值为25V，则可以在电容器的正负极引脚上加12V电压，为控制板供电。

图5-8　根据电容器耐压值来确定所加电压值

# 第 6 章

# 变频器中变频电路芯片级维修实战

变频器应用于各种大功率的机械设备控制领域。变频器的主要电路是变频电路，用于调节交流电的频率，即将交流电转变为直流电再转变为一定频率的交流电。在变频器中，变频电路的故障率较高，接下来本章将重点讲解变频器中变频电路的易坏芯片元器件、故障检测点、故障检修流程图、常见故障维修和故障维修实战案例等内容。

## 6.1 变频器中变频电路易坏芯片元器件

变频器的变频电路易坏元器件主要有：二极管、整流桥堆（整流二极管）、限流电阻、继电器、驱动芯片、滤波电容、IGBT 模块、制动 IGBT、光耦合器，如图 6-1 所示。

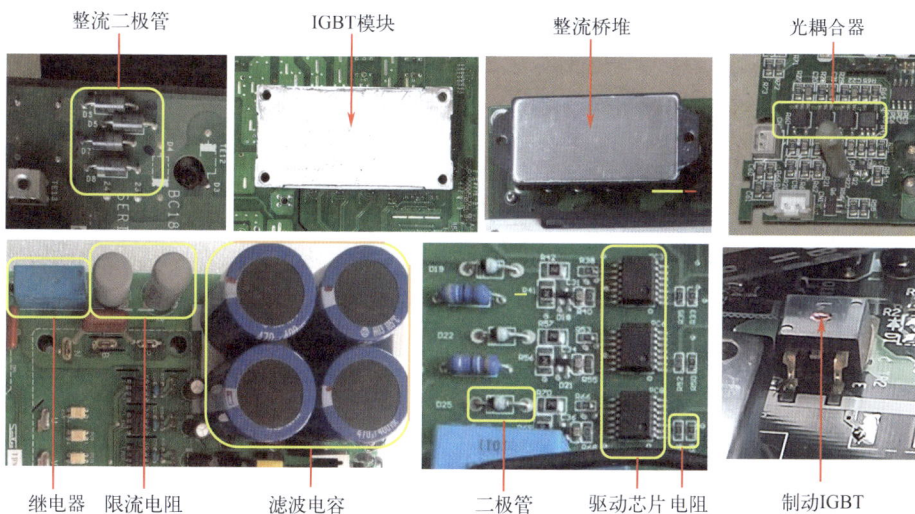

整流二极管　　IGBT模块　　整流桥堆　　光耦合器

继电器　限流电阻　　滤波电容　　二极管　驱动芯片 电阻　　制动IGBT

图 6-1　变频电路易坏元器件

## 6.2 变频器中变频电路故障检测点

在检测变频器的变频电路的故障时，可能你会发现几个故障率较高的部件，如整流二极管、整流桥堆、限流电阻、滤波电容、IGBT 模块、驱动芯片、光耦合器等。在检测变频电路故障时，会经常需要测量一些易坏部件的好坏，以排除好的元器件，找到故障元器件。下面介绍变频器中变频电路的常见故障检测点。

### 6.2.1 变频器中变频电路各功能电路位置以及电压检测点

如图 6-2 所示，将变频器的变频电路中各主要功能电路采用框注的方式进行标注，同时注明功能电路的关键电压检测点，根据检测点的信号去测量各功能电路是否工作正常。

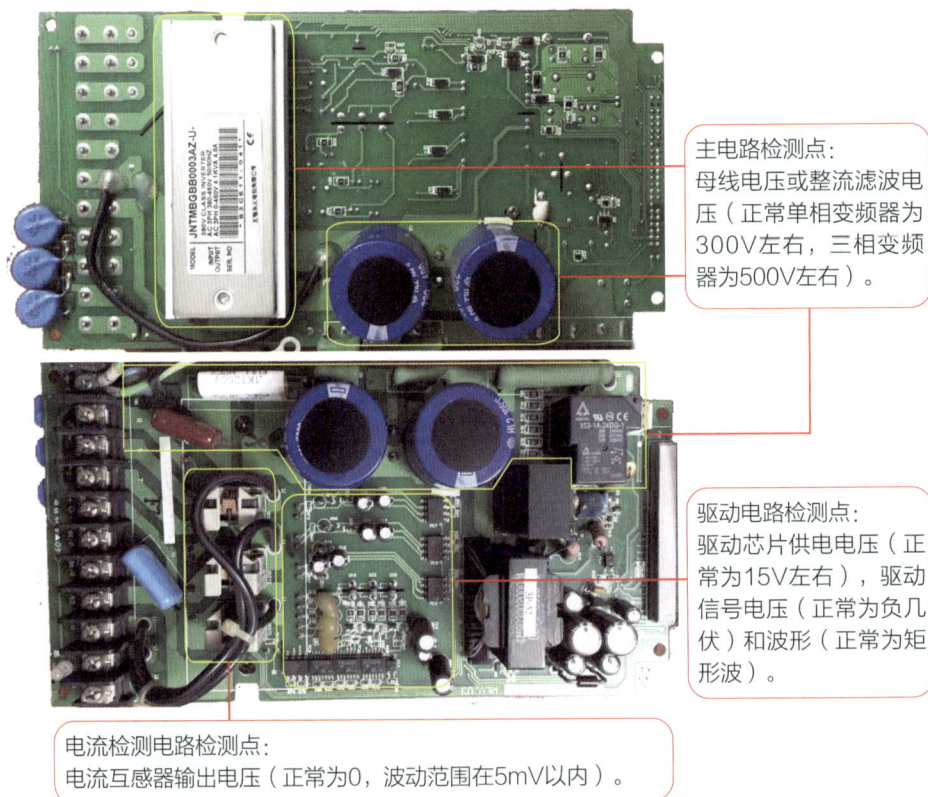

主电路检测点：
母线电压或整流滤波电压（正常单相变频器为300V左右，三相变频器为500V左右）。

驱动电路检测点：
驱动芯片供电电压（正常为15V左右），驱动信号电压（正常为负几伏）和波形（正常为矩形波）。

电流检测电路检测点：
电流互感器输出电压（正常为0，波动范围在5mV以内）。

图 6-2　各功能电路位置以及电压检测点

### 6.2.2 变频器中变频电路关键电压检测点

在诊断变频器中变频电路故障时，可以通过测量电路中关键电压信号来排查故障发生在哪个功能电路中。如通过测量母线电压是否正常，来判断整流电路、滤波电路、限流电路是否工作正常，以此来缩小故障排查区域，快速找到故障点。如图 6-3 所示为变频器中变频电路关键电压检测点。

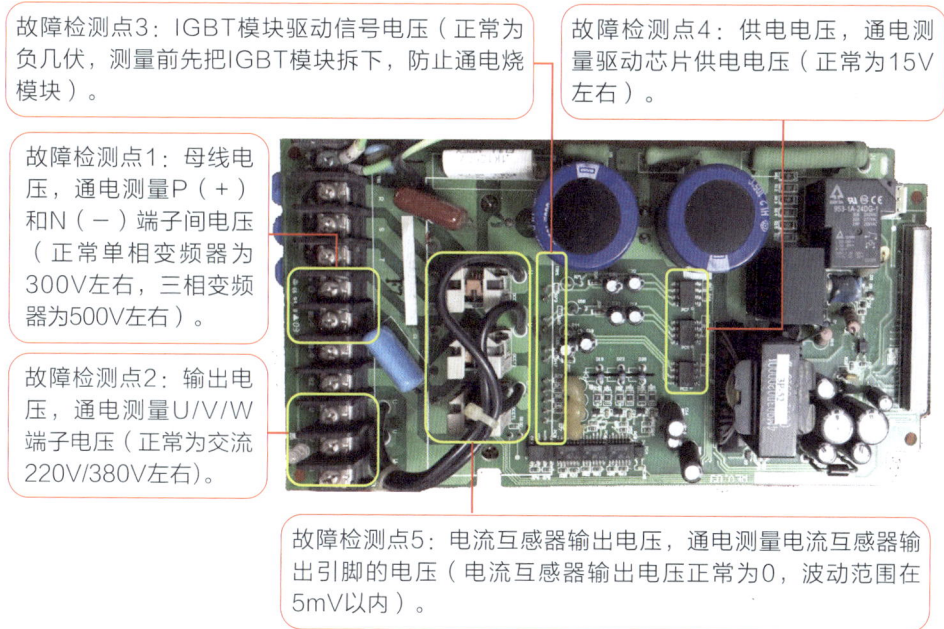

故障检测点3：IGBT模块驱动信号电压（正常为负几伏，测量前先把IGBT模块拆下，防止通电烧模块）。

故障检测点4：供电电压，通电测量驱动芯片供电电压（正常为15V左右）。

故障检测点1：母线电压，通电测量P（+）和N（-）端子间电压（正常单相变频器为300V左右，三相变频器为500V左右）。

故障检测点2：输出电压，通电测量U/V/W端子电压（正常为交流220V/380V左右）。

故障检测点5：电流互感器输出电压，通电测量电流互感器输出引脚的电压（电流互感器输出电压正常为0，波动范围在5mV以内）。

图 6-3　变频电路关键电压检测点

### 6.2.3　变频器中变频电路关键元器件检测点

在检查变频器中变频电路故障时，要重点检测电路中故障率较高的元器件，这样可以快速找到故障原因。下面总结变频器中变频电路关键元器件检测点。

**1）故障检测点 1：二极管**

在变频电路中会用到整流二极管、稳压二极管等二极管，二极管出现问题会导致整流电路或驱动电路出现问题。当怀疑二极管有问题时，可以通过测量二极管的压降或电阻值来判断好坏。如图 6-4 所示。

**2）故障检测点 2：整流桥堆**

有些变频器的整流电路中采用整流桥堆进行整流，整流桥堆内部集成了 4 个或 6 个整流二极管，可以通过测量整流桥堆引脚电压值或测量整流桥堆内部整流二极管压降来判断其好坏。如图 6-5 所示（以单相整流桥堆为例）。

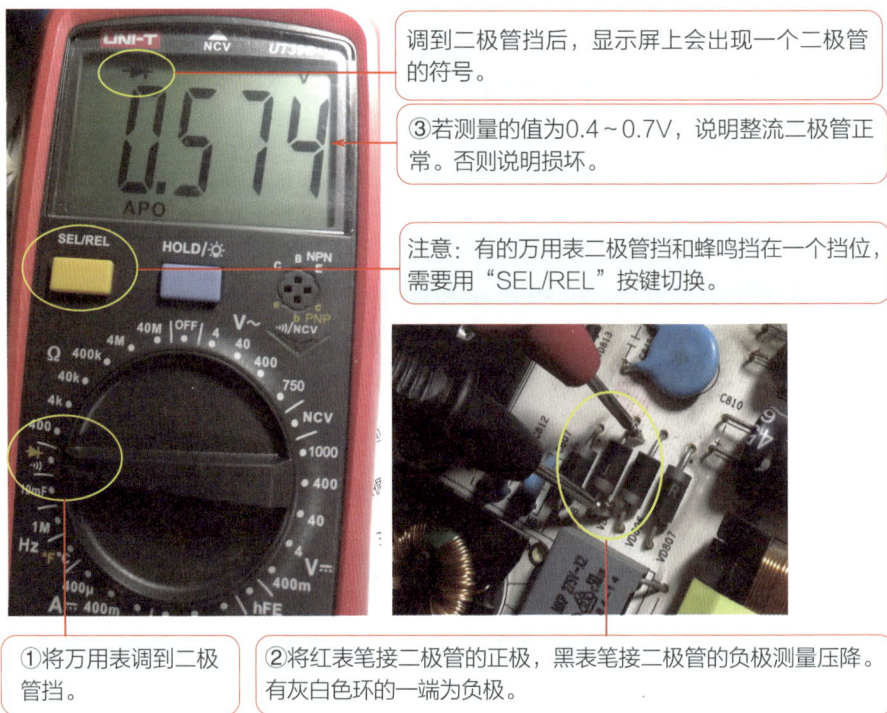

调到二极管挡后，显示屏上会出现一个二极管的符号。

③若测量的值为0.4～0.7V，说明整流二极管正常。否则说明损坏。

注意：有的万用表二极管挡和蜂鸣挡在一个挡位，需要用"SEL/REL"按键切换。

①将万用表调到二极管挡。

②将红表笔接二极管的正极，黑表笔接二极管的负极测量压降。有灰白色环的一端为负极。

图6-4　检测二极管

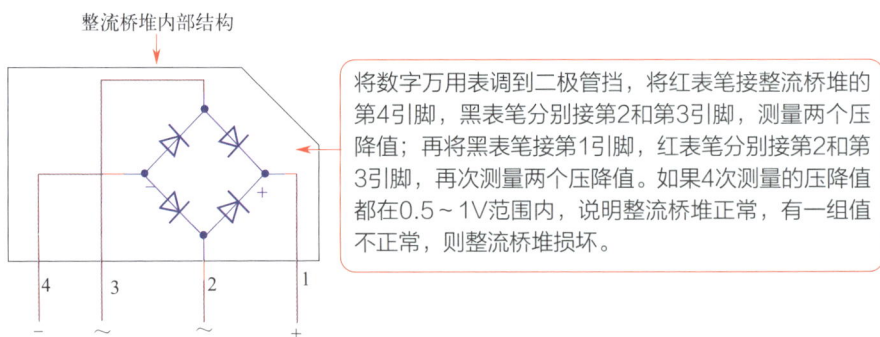

整流桥堆内部结构

将数字万用表调到二极管挡，将红表笔接整流桥堆的第4引脚，黑表笔分别接第2和第3引脚，测量两个压降值；再将黑表笔接第1引脚，红表笔分别接第2和第3引脚，再次测量两个压降值。如果4次测量的压降值都在0.5～1V范围内，说明整流桥堆正常，有一组值不正常，则整流桥堆损坏。

图6-5　整流桥堆好坏检测

### 3）故障检测点3：限流电阻

变频器变频电路的限流电路中的限流电阻，由于工作在高电压、高电流、高温的环境中，比较容易出现阻值变小或变大、接触不良、烧断等损坏。当怀疑限流电阻有问题时，可以通过测量限流电阻的阻值来判断好坏。如图6-6所示。

将万用表调到欧姆挡，在电源电路板背面用两表笔接限流电阻的两个引脚，测量值为5.4MΩ，正常应该为几十欧姆，说明限流电阻已损坏。

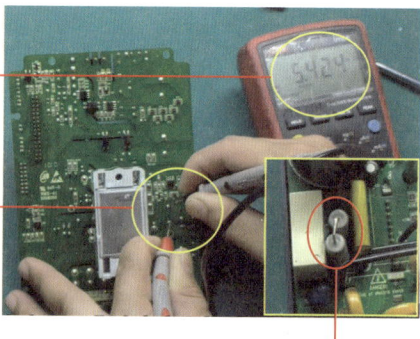

限流电路中的限流电阻

图 6-6　限流电阻好坏检测

### 4）故障检测点 4：滤波电容

变频器变频电路的直流滤波电路中的滤波电容，是比较容易损坏的元器件之一，通常会出现鼓包、漏液、短路、容量下降等损坏。当怀疑滤波电容有问题时，可以通过测量滤波电容的阻值来判断好坏。如图 6-7 所示。

①用数字万用表的蜂鸣挡（或指针万用表欧姆挡的×1k挡）在路测量。
②对电容器进行放电（在两个引脚间串接一个阻值大的电阻器），然后将万用表的两表笔接滤波电容器的两个引脚进行测量。
③如果测量的阻值为0，说明滤波电容被击穿损坏。
④如果阻值不断变化，最后变成无穷大，说明滤波电容基本正常。如果想准确判断电容器好坏，可以拆下电容器测量其电容量。

滤波电容

图 6-7　滤波电容好坏检测

### 5）故障检测点 5：IGBT 模块

检测 IGBT 模块时，一般通过测量模块内部二极管是否损坏来简单判断 IGBT 模块是否有问题。测量时，通过测量 U、V、W 引脚与 P 引脚、N 引脚间管电压，来判断模块是否损坏。检测方法如图 6-8 所示。

127

① 在断电的情况下，首先将万用表调到二极管挡，将黑表笔接 IGBT 模块 P 引脚，红表笔分别接 U、V、W 引脚，正常情况下应为 0.45V 左右，且各相大致相同。如果测量的值为无穷大，则 IGBT 模块内部上桥三个 IGBT 有断路故障；如果测量的值为 0，则 IGBT 模块内部上桥三个 IGBT 有击穿短路或漏电故障。接下来对调红黑两表笔，即红表笔接变频器的 P 引脚，黑表笔分别接 U、V、W 引脚，反向测量，正常值应为无穷大。

② 将红表笔接 N 引脚，黑表笔分别接 U、V、W 引脚测量逆变电路中下桥臂中元器件，正常值应为 0.45V 左右，且各相大致相同。如果测量的值为无穷大，则 IPM 模块内部下桥三个 IGBT 有断路故障；如果测量的值为 0，则 IGBT 模块内部下桥三个 IGBT 有击穿短路或漏电故障。接下来对调红黑两表笔，即黑表笔接 N 引脚，红表笔分别接 U、V、W 引脚，反向测量，正常值应为无穷大。

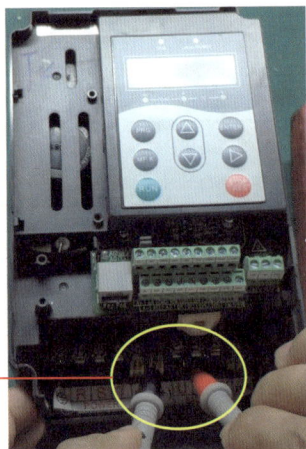

图 6-8　检测 IGBT 模块

### 6）故障检测点 6：制动 IGBT

在制动电路中的制动 IGBT 出现问题，会导致制动电路不起作用，或烧制动电阻。当怀疑制动 IGBT 有问题时，可以通过测量制动电路内部的二极管的管电压来判断好坏。如图 6-9 所示。

### 7）故障检测点 7：光耦合器

光耦合器是否出现故障，可以根据内部二极管和三极管的正反向管电压来确定。

测量光耦合器时，可以先测量其内部的发光二极管和光电三极管是否正常，测量的方法如图 6-10 所示。

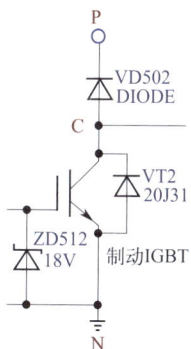

①测量制动IGBT可以通过C端子和N端子来测量。
②将数字万用表调到二极管挡，然后将万用表黑表笔接C端子，红表笔接N端子测量，正常值应该为0.45V左右。

③调换两表笔再测一次，正常应该为无穷大。
④如果两次测量中有为0或很小的情况，说明制动IGBT被击穿或漏电损坏。
⑤如果第一次测量值为无穷大，说明制动IGBT开路损坏。

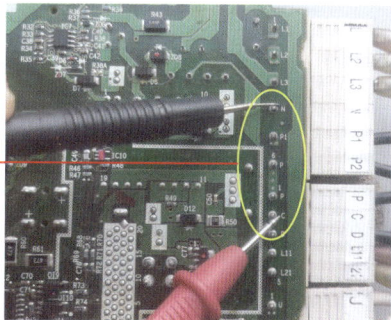

图6-9　检测制动IGBT好坏

①将数字万用表调到二极管挡，然后将红表笔接1脚，黑表笔接2脚，测量管电压值，正常为0.6～1.2V。之后调换表笔再次测量，正常值为无穷大。
②两表笔接3、4脚测量，正常为0.6～2.4V。如果几次测量的值中有0，则光耦合器损坏。

图6-10　检测光耦合器好坏

# 6.3　变频器中变频电路故障检修流程图

当变频器的变频电路有故障时，可以参考变频电路故障检修流程对变频器进行检测，检测时重点检测每个电路模块的关键测试点，通过测试点快速准确地找出故障的部件，并修复变频电路故障。

变频电路故障主要是限流电路、滤波电路、IGBT 模块电路、驱动电路等电路故障引起的。变频电路故障后通常会出现输出电压为 0 或不正常、三相不平衡、缺相（三相电压缺一相或都为 0）、欠电压报警、滤波后直流电压降低、通电烧坏熔断器等故障现象。具体变频电路故障检修流程图如图 6-11 所示。

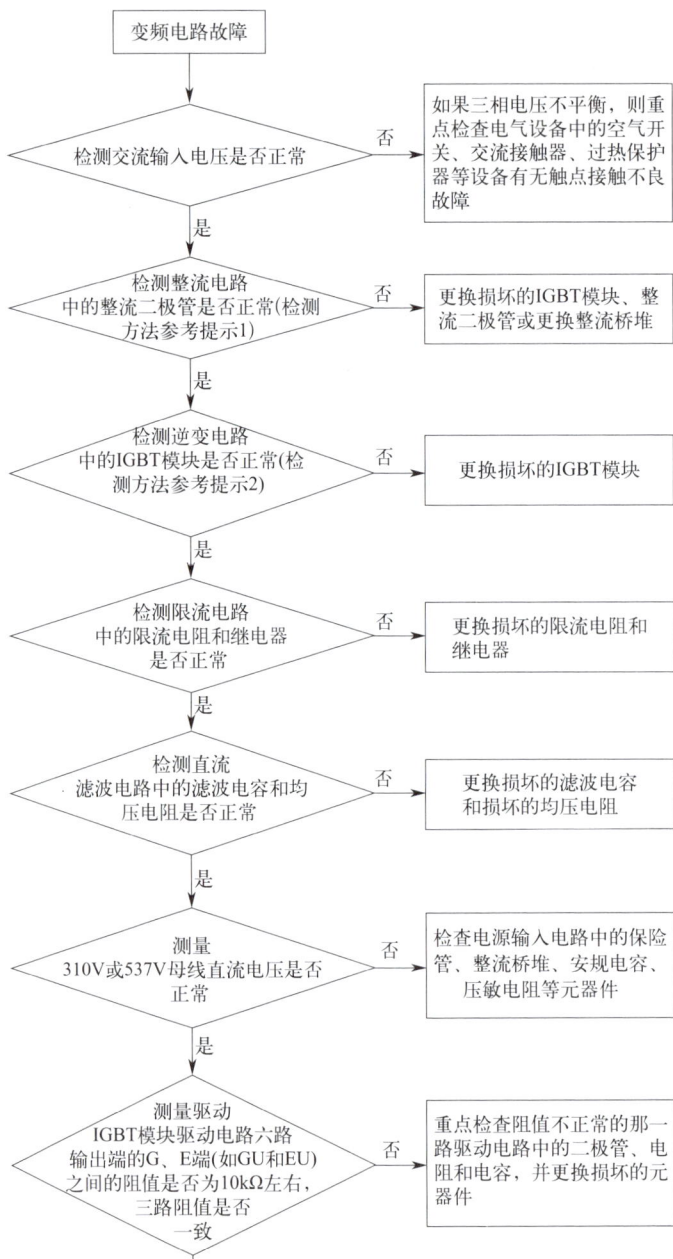

```
                  ┌──────────────┐
                  │   变频电路故障   │
                  └──────┬───────┘
                         │
                  ┌──────┴───────┐    否   ┌──────────────────────┐
                  │ 检测交流输入电压是否正常 ├────→│ 如果三相电压不平衡，则重点检查电 │
                  └──────┬───────┘         │ 气设备中的空气开关、交流接触器、 │
                         │是                │ 过热保护器等设备有无触点接触不良 │
                         │                 │ 故障                   │
                  ┌──────┴───────┐         └──────────────────────┘
                  │  检测整流电路     │    否   ┌──────────────────────┐
                  │ 中的整流二极管是否正常(检测 ├───→│ 更换损坏的IGBT模块、整流二   │
                  │  方法参考提示1)    │        │ 极管或更换整流桥堆         │
                  └──────┬───────┘         └──────────────────────┘
                         │是
                  ┌──────┴───────┐    否   ┌──────────────────────┐
                  │  检测逆变电路     ├───→│   更换损坏的IGBT模块     │
                  │ 中的IGBT模块是否正常(检 │    └──────────────────────┘
                  │  测方法参考提示2)   │
                  └──────┬───────┘
                         │是
                  ┌──────┴───────┐    否   ┌──────────────────────┐
                  │  检测限流电路     ├───→│  更换损坏的限流电阻和      │
                  │ 中的限流电阻和继电器 │        │  继电器              │
                  │  是否正常        │        └──────────────────────┘
                  └──────┬───────┘
                         │是
                  ┌──────┴───────┐    否   ┌──────────────────────┐
                  │  检测直流        ├───→│  更换损坏的滤波电容       │
                  │ 滤波电路中的滤波电容和均 │    │  和损坏的均压电阻        │
                  │  压电阻是否正常     │        └──────────────────────┘
                  └──────┬───────┘
                         │是
                  ┌──────┴───────┐    否   ┌──────────────────────┐
                  │   测量          ├───→│  检查电源输入电路中的保险    │
                  │ 310V或537V母线直流电压是否 │ 管、整流桥堆、安规电容、    │
                  │   正常          │        │  压敏电阻等元器件        │
                  └──────┬───────┘         └──────────────────────┘
                         │是
                  ┌──────┴───────┐    否   ┌──────────────────────┐
                  │   测量驱动       ├───→│  重点检查阻值不正常的那一    │
                  │ IGBT模块驱动电路六路 │        │ 路驱动电路中的二极管、电    │
                  │ 输出端的G、E端(如GU和EU) │ 阻和电容，并更换损坏的元    │
                  │ 之间的阻值是否为10kΩ左右，│ 器件                  │
                  │  三路阻值是否     │        └──────────────────────┘
                  │   一致         │
                  └──────────────┘
```

```
                    │是
                    ↓
          ┌─────────────────────┐
          │        检查          │        否   ┌──────────────────┐
          │ 电流检测电路中运算放大 ├──────────→│ 更换电流检测电路中损 │
          │ 器、电流互感器等元器件 │            │ 坏的元器件         │
          │      是否正常        │            └──────────────────┘
          └──────────┬──────────┘
                    │是
                    ↓
          ┌─────────────────────┐
          │     检查处理器电路    │
          └─────────────────────┘
```

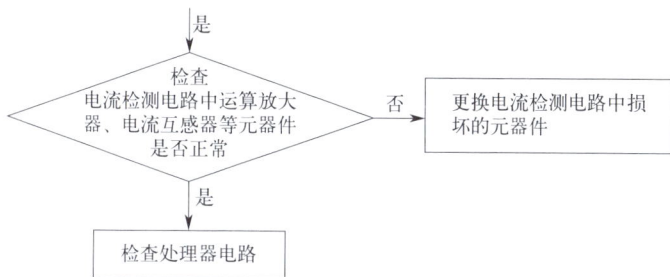

图 6-11　变频电路故障检修流程图

> **提示**
>
> 提示 1：整流电路中整流二极管检测方法如下。
>
> 先将数字万用表调到二极管挡，黑表笔接直流母线的正极，即 P 端子（或 + 端子），红表笔分别接 R、S、T 三个端子，测量三次，测量的值都为 0.53V，说明整流电路中上面的三个整流二极管均正常。
>
> 接着将红表笔接直流母线的负极，即 N 端子（或 – 端子），黑表笔分别接 R、S、T 三个端子，测量三次，测量的值都为 0.53V，说明整流电路中下面的三个整流二极管也都正常。
>
> 提示 2：逆变电路检测方法如下。
>
> 先将数字万用表调到二极管挡，红表笔接直流母线的负极，即 N 端子（或 – 端子），黑表笔分别接 U、V、W 三个端子，测量三次，测量的值都为 0.46V，说明逆变电路中下臂的三个变频元器件都正常。
>
> 将黑表笔接直流母线的正极，即 P 端子（或 + 端子），红表笔分别接 U、V、W 三个端子，测量三次，测量的值都为无穷大（正常也应为 0.46V），说明逆变电路上臂变频元器件可能有问题。

# 6.4 快速诊断变频器变频电路故障

变频器的变频电路是大电流通过的电路，变频电路中的元器件一般功率大，发热量大，而且工作在高电压、大电流的环境下，特别容易出现损坏。变频器的变频电路一旦出现故障，就会导致变频器输出电压为 0 或不正常，影响正常的工作。下面本节将重点讲解变频器变频电路故障现象、原因分析及故障维修方法。

## 6.4.1　变频器中变频电路常见故障总结

### 1）变频电路常见故障现象

变频电路常见故障现象如下。

131

① 变频器三相输入电压不平衡。

② 变频器三相输入电压缺相（三相电压缺一相或都为0）。

③ 变频器欠电压报警。

④ 变频器无法开机，指示灯不亮。

⑤ 变频器无法开机，指示灯亮。

⑥ 变频器无法启动，一按电源按钮就跳闸。

⑦ 变频器无法启动，显示错误报警。

⑧ 变频器上电后，接收启动信号后显示"OC（过电流）"或"SC（短路）"故障代码。

⑨ 变频器上电后，接收启动信号后显示"GF（接地故障）"故障代码。

⑩ 变频器上电后，输出端子无电压输出，但没有报故障代码。

⑪ 变频器上电后，自检正常，空载运行也正常，但加负载运行时，出现电动机振动、输出电压不稳定、频跳"OC"故障。

### 2）造成变频电路故障的原因分析

造成变频电路故障的原因如下。

① 整流电路中的整流二极管损坏。

② 整流电路中的整流桥堆损坏。

③ 限流电路中的充电电阻损坏。

④ 限流电路中的充电继电器损坏。

⑤ 限流电路中的光耦合器损坏。

⑥ 直流滤波电路中的滤波电容损坏。

⑦ 直流滤波电路中的均压电阻损坏。

⑧ 逆变电路中的IGBT模块供电不正常。

⑨ 逆变电路中的IPM模块供电不正常。

⑩ 逆变电路中的IGBT模块损坏。

⑪ 逆变电路中的IPM模块损坏。

⑫ 驱动电路中的驱动芯片供电电压异常。

⑬ 驱动芯片损坏或性能不良。

⑭ 驱动电路中的二极管被击穿短路损坏。

⑮ 驱动电路中的电阻断路损坏。

⑯ 驱动电路中的电容器被击穿短路损坏。

⑰ 驱动电路中的电容器容量下降损坏。

### 6.4.2 快速诊断整流电路故障

变频电路中的整流电路出现故障，一般会表现为：变频器输入电路出现了三相不平衡、缺相(三相电压缺一相或都为0)、欠电压报警跳闸,变频器不能正常工作等。

在检测整流电路时,可以通过检测整流电路中的整流二极管或整流桥堆是否正常来判断。整流电路故障维修方法如下。

第1步:如果整流电路集成在IGBT模块中,则通过输入端子来测量。如图6-12所示。

①将数字万用表调到二极管挡,黑表笔接直流母线的正极(P或+端子),红表笔分别接R、S、T或L1、L2、L3三个端子,测量三次,测量值为0.5345V。如果三次测量值都为0.5V左右,说明整流电路中上面的三个整流二极管均正常。如果有一个不正常,说明IGBT模块中整流电路有问题。

②将红表笔接直流母线的负极(N或-端子),黑表笔分别接R、S、T或L1、L2、L3三个端子,测量三次,测量值为0.5313V。如果三次测量值都为0.5V左右,说明整流电路中下面的三个整流二极管也都正常。如果有一个不正常,说明IGBT模块中整流电路有问题。

图6-12 测量IGBT模块中的整流电路

第2步:如果整流电路采用的是整流二极管,则用万用表二极管挡测量整流二极管的管电压,来判断整流电路的好坏,如图6-13所示。

测量值为0.521V。正常应为0.5V左右。如果测量的管电压很小或为0,则整流二极管被击穿损坏。

首先将数字万用表挡位调到二极管挡,然后红表笔接整流二极管的正极,黑表笔接负极,测量整流二极管的管电压。

图6-13 测量整流二极管好坏

第 3 步：如果整流电路采用的是单相整流桥堆（有 4 个引脚），则用万用表测量整流桥堆内部整流二极管的压降是否正常，如图 6-14 所示。

先将数字万用表调到二极管挡，将红表笔接整流桥堆的第4脚（负极），黑表笔分别接第2脚和第3脚，测量两个压降值；再将黑表笔接第1脚（正极），红表笔分别接第2脚和第3脚，再次测量两个压降值。如果4次测量的压降值都在0.5V左右，说明整流桥堆正常，有一组值不正常，则整流桥堆损坏。

图 6-14　测量单相整流桥堆好坏

第 4 步：如果整流电路采用的是三相整流桥堆（有 6 个引脚），同样用万用表测量整流桥堆内部整流二极管的压降是否正常，如图 6-15 所示。

测量时先将数字万用表调到二极管挡，将红表笔接整流桥堆的第5脚（负极），黑表笔分别接第2脚、第3脚和第4脚，测量压降值；再将黑表笔接第1脚（正极），红表笔分别接第2脚、第3脚和第4脚，再次测量压降值。如果6次测量的压降值都在0.5V左右，说明整流桥堆正常，有一组值不正常，则整流桥堆损坏。

图 6-15　测量三相整流桥堆好坏

第 5 步：通过测量直流母线电压来判断整流电路是否正常。测量时，先确认 IGBT 模块没有短路故障，再给变频器通电，然后测量直流母线电压是否正常。如果电压正常，说明整流电路工作正常。测量两次，一次带负载测量，一次空载测量，如图 6-16 所示。

### 6.4.3　快速诊断限流电路故障

中间电路中充电限流电阻、充电继电器或接触器等元器件常见的故障分析如图 6-17 所示。

①将万用表挡位调到直流电压750V挡，然后将红表笔接P（＋）端子，黑表笔接N（－）端子测量母线电压。正常应为530V左右。如果电压为0或很低，或为无穷大，则整流电路工作不正常。

②如果空载测量电压正常，带负载时测量的电压明显下降（低于450V），说明整流电路有问题，检测整流电路中的整流二极管是否性能下降。

③如果空载时测量的电压较低，而负载电动机不转，电压下降到十几伏，则可能是继电器（接触器）损坏。如果直流母线无电压，则充电电阻可能出现断路故障。

图6-16　测量直流母线电压

①充电限流电阻最常见的故障就是开路损坏。由于充电限流电阻要在短时间内承受大电流的冲击，使用时间长了容易被烧断。

②另外，如果充电继电器或充电接触器触点接触不良或控制电路不良时，充电限流电阻要承受启动和运行电流，会因为过热而损坏。

③正常的变频器在开机上电时，会听见继电器或接触器吸合的声音，"啪哒"或"哐"的一声，如果没有声音，则需要检查是否存在继电器或接触器触点不闭合，及控制电路故障。注意：有些故障变频器虽然上电时能听到继电器或接触器的吸合声，但也会发生触点因烧灼、氧化、油污等而接触不良，造成烧坏充电限流电阻的情况。

图6-17　限流电路常见的故障分析

限流电路故障维修方法如下。

第1步：首先测量限流电路中的限流电阻是否断路（阻值为无穷大）或短路（阻值为0），如果没有短路或断路故障，接着测量限流电阻实际的阻值，然后与标称阻值进行对比来判断好坏，如图6-18所示。

第2步：测量继电器的引脚，判断线圈和常开触点是否损坏，如图6-19所示。

电路板中
限流电阻

限流电阻的引脚

测量时，先将数字万用表挡位调到欧姆20k挡，然后两表笔接限流电阻的两个引脚测量阻值。如果测量的阻值为无穷大，说明限流电阻烧断损坏，如果阻值为0，说明限流电阻短路损坏。

图 6-18　测量限流电阻阻值

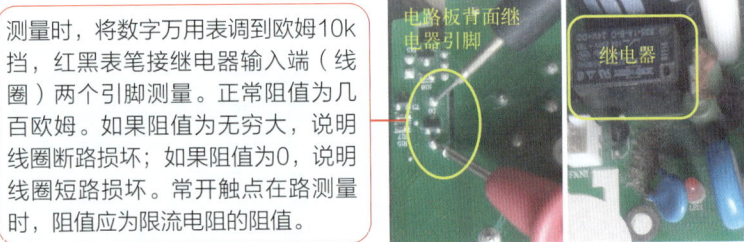

测量时，将数字万用表调到欧姆10k挡，红黑表笔接继电器输入端（线圈）两个引脚测量。正常阻值为几百欧姆。如果阻值为无穷大，说明线圈断路损坏；如果阻值为0，说明线圈短路损坏。常开触点在路测量时，阻值应为限流电阻的阻值。

电路板背面继电器引脚

继电器

图 6-19　测量继电器引脚阻值

第 3 步：如果限流电阻和充电继电器均正常，接着测量限流电路中的光耦合器是否正常，如图 6-20 所示。

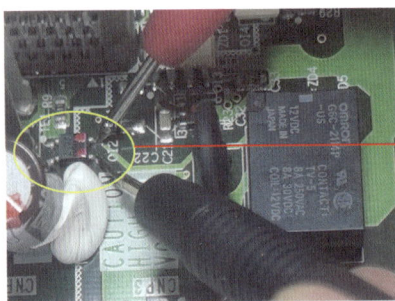

将数字万用表调到二极管挡，红表笔接光耦合器的第1脚，黑表笔接第2脚测量。正常光耦合器内部发光二极管会有1V左右的管电压。如果管电压为无穷大或0，说明光耦合器损坏。

图 6-20　测量光耦合器管电压

### 6.4.4　快速诊断直流滤波电路故障

在滤波电路中最容易出现故障的元器件是滤波电容，滤波电容常见的故障分析如图 6-21 所示。

①滤波电容一般容易出现漏液、漏电、击穿、鼓顶或封皮破裂、容量变小等故障现象。滤波电容的这些故障可使滤波后直流电压降低，严重时使主电路的保护电路动作，或通电烧坏熔断器，或电气设备中的空气开关断开。

②另外，滤波后的直流电压降低会使逆变电路与二次开关电源电路的工作电压达不到标准值而不能正常工作。

图 6-21  滤波电容常见的故障分析

在检测滤波电容时先切断变频器的供电，然后再将滤波电容进行放电（可以将滤波电容两个引脚间连接一只大阻值电阻，或直接短路电容器两个引脚进行放电），然后用万用表欧姆挡测量滤波电容的充放电特性，判别是否漏电或击穿，如图6-22 所示。

滤波电容

将数字万用表调到蜂鸣挡或指针万用表调到欧姆挡的×1k挡，然后将万用表的两表笔接滤波电容的两个引脚进行测量。如果阻值不断变化，最后变成无穷大，说明滤波电容基本正常；如果测量的阻值为0，说明滤波电容被击穿损坏。

图 6-22  检测滤波电容好坏

### 6.4.5  快速诊断制动电路故障

制动电路中最容易损坏的元器件是制动 IGBT、光耦合器、制动电阻、二极管等。瞬间电流过大或脉冲过大，会使制动 IGBT 饱和，导致制动 IGBT 损坏。如果制动 IGBT 或制动电阻等发生断路故障，制动电路失去对电动机的制动功能，同时滤波电容两端会充得过高的电压，易损坏制动电路中的元器件。如果制动 IGBT、光耦合器、制动电阻等发生短路故障，制动电路电压下降，同时增加整流电路负担，易损坏整流电路。

在检测制动电路时，可以先测量制动 IGBT、光耦合器、制动电阻等是否正常，如图 6-23 所示。

①测量制动IGBT可以通过PB或B2或C端子和N（-）端子来测量。
②先将数字万用表调到二极管挡，然后将万用表黑表笔接PB或B2或C端子，红表笔接N（-）端子测量制动IGBT，正常值应该为0.45V左右。然后调换两表笔再测一次，正常应该为无穷大。
③如果两次测量中有为0或很小的情况，说明制动IGBT被击穿或漏电损坏。
④如果第一次测量值为无穷大，说明制动IGBT开路损坏。

⑤如果制动IGBT正常，接下来测量制动电路中光耦合器是否正常。用数字万用表的二极管挡测量，将红表笔接光耦合器内部发光二极管的正极引脚，一般为光耦合器的第1脚，黑表笔接第2脚，测量管电压。正常值为0.6~1V，调换表笔测量，正常值为无穷大。
⑥如果两次测量中有读数为0或很小的情况，说明光耦合器内部被击穿损坏。如果两次测量值均为无穷大，说明光耦合器开路损坏。

图6-23　测量制动电路元器件

### 6.4.6　快速诊断逆变电路故障

　　变频器的逆变电路通常处在高电压、高电流、高温的工作环境中，而且一端连接变频电路中的滤波电路，一端连接负载电动机，同时还接收驱动电路的方波驱动信号，因此很容易出现故障，当滤波电路或驱动电路等出现故障后，也会牵连逆变电路，导致其损坏。逆变电路常见的故障分析如图6-24所示。

①IGBT模块/IPM模块短路烧坏，隔离电路的元件有问题，如电容漏液或击穿、光耦老化，也会导致IGBT模块/IPM模块烧坏或输出电压不平衡。
②IGBT模块/IPM模块击穿损坏。IGBT模块/IPM模块在关断的瞬间产生的尖峰电压过高，如果超过IGBT模块/IPM模块的最高峰值电压，将造成IGBT模块/IPM模块击穿损坏。
③IGBT模块/IPM模块过热损坏。对于过热故障，通过把散热器加大或者更换好的散热片，涂敷导热胶，强迫风扇冷却，设置过温度保护，或把负载运行速度降低等方法来处理。

图6-24　IPM模块常见的故障分析

逆变电路的检测方法如下。

第1步：检修逆变电路时，一般在通电检查前先判断IGBT模块内部元器件是否有损坏。通过测量变频器的U、V、W端子与P（＋）、N（－）端子间管电压，来判断IGBT模块中元器件是否损坏。测量方法如图6-25所示。

①测量时先将万用表的挡位调至二极管挡，然后将红表笔接变频器的N（－）端子，黑表笔分别接变频器的U、V、W端子测量逆变电路中下桥臂中元器件，正常值应为0.46V，且各相基本相同。

②将万用表的黑表笔接P（＋）端子，红表笔分别接U、V、W端子测量逆变电路中上桥臂中元器件，正常值应为0.46V左右，且各相基本相同。

③如果测量的值为无穷大，则IGBT模块中元器件有断路故障；如果测量的值为0，则IGBT模块中的元器件有短路故障。

图6-25　测量IGBT模块中上桥臂和下桥臂的元器件

另外，我们还可以用测量阻值的方法来判断IGBT模块好坏。

测量时先将万用表的挡位调到欧姆挡的×10挡（指针万用表）或欧姆挡的200挡（数字万用表），然后将红表笔接变频器IGBT模块的P引脚，黑表笔分别接IGBT模块的U、V、W引脚，测量上桥臂中元器件的阻值，正常的IGBT模块会有几十欧姆的阻值，且各相阻值基本相同。如果测量的阻值为无穷大，则IGBT模块中元器件有断路故障；如果测量的阻值为0，则IGBT模块中的元器件有短路故障。

接下来将万用表的黑表笔接IGBT模块的N引脚，红表笔分别接IGBT模块的U、V、W端引脚，测量下桥臂中元器件的阻值，正常的IGBT模块会有几十欧姆的阻值，且各相阻值基本相同。如果测量的阻值为无穷大，则IGBT模块中的元器件有断路故障；如果测量的阻值为0，则IGBT模块中的元器件有短路故障。

最后测量U、V、W三个端子间的阻值，将万用表的两表笔分别接U和V、U和W、V和W端子，分别测量三个端子中任意两个间的阻值，正常应该为无穷大。如果阻值很小或为0，则说明IGBT模块内部击穿损坏。

第2步：在IGBT模块内部元件没有损坏，且检测整流滤波电路和驱动电路均正常的情况下，接下来才可以通电检测IGBT模块。一般三相变频器的供电电压为450~530V直流电压，单相变频器的供电电压为310V直流电压。测量方法如图6-26所示。

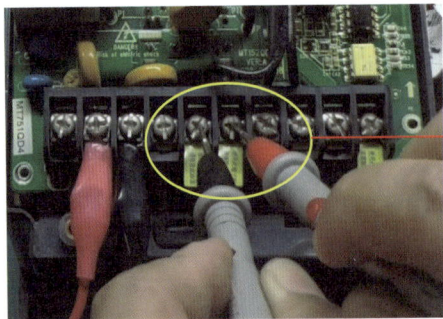

①测量时，将万用表的挡位调到直流750V挡，然后带电测量接线端子中的P（＋）端子和N（－）端子间的电压（这两个端子就是逆变电路中P、N两个引脚）。
②如果测量的供电电压正常，则故障是逆变电路引起的；如果供电电压不正常，则故障是整流电路或中间电路问题引起的。

图6-26 测量逆变电路供电电压

第3步：检测驱动电路输出的控制IGBT的方波信号是否正常。测量时，一般采用示波器测量波形的状态。如果方波脉冲的波形正常，就证明CPU电路以及脉冲驱动电路都处于正常工作状态。如果方波脉冲有异常现象，说明驱动电路或CPU电路或供电电路有故障。如果没有示波器，则可以采用万用表的直流电压20V挡测量IGBT的脉冲电压六相是否都正常，一般六相都是相同的脉冲，大小为3~5V。测量方法如图6-27所示。

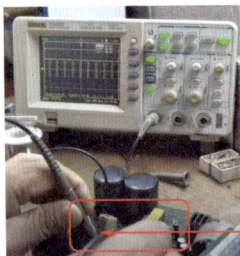

将示波器的表笔接IGBT模块驱动信号输入引脚，测量驱动电路的输出波形。如果测量的波形为矩形波形，则说明驱动芯片工作都正常；如果没有矩形波形，则可能是驱动芯片损坏，更换即可。

图6-27 测量驱动芯片的输出信号

第4步：如果逆变电路的供电电压和控制方波信号均正常，接着通过测量IGBT模块的U、V、W输出电压来判断IGBT模块中是否有IGBT损坏。测量方法如图6-28所示。

①测量时，将变频器输出频率调到3Hz左右，然后将万用表的挡位调到直流电压750V挡，分别测量P—U、P—V、P—W及U—N、V—N、W—N之间的直流电压。
②如果上述几次测量出的电压值为直流母线电压的一半，说明IGBT模块中的IGBT均正常；如果测量的电压偏高，则所测量的这一路IGBT损坏。

图6-28 测量IGBT模块输出电压

### 6.4.7 快速诊断驱动电路故障

驱动电路故障检测维修方法如图 6-29 所示。

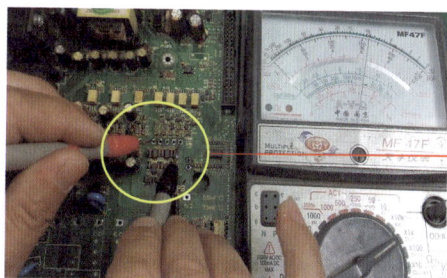

①检修驱动电路时，先拆下IGBT模块，然后用指针万用表欧姆挡的×1k挡测量驱动电路中的六路分支驱动电路的G、E端（如GU、EU）之间的阻值，检查驱动上臂IGBT的驱动电路是否基本一致，驱动下臂IGBT的驱动电路是否基本一致（注意：三菱、富士等变频器的驱动电路六路分支驱动电路阻值不相同）。

②如果阻值都基本相同，接着通电用万用表测量六路分支驱动电路的G、E间的直流电压，正常为负几伏电压。

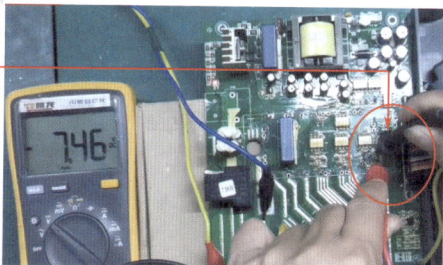

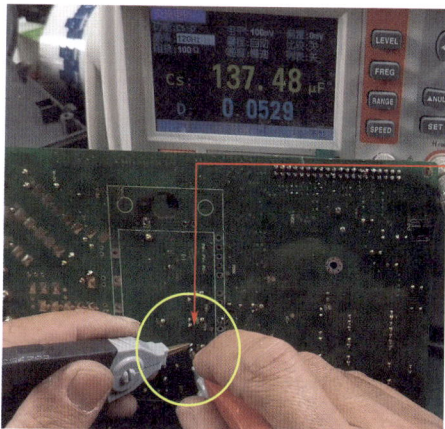

③如果不正常，就逐一检查驱动电路中的二极管、电阻、电容等元器件是否损坏，驱动芯片的总供电是否正常。如果各驱动芯片的总供电电压为0，则开关电源电路有故障；如果各驱动芯片的供电电压很低，先断开芯片供电端，测开关电源的空载电压，如果空载电压正常，则可能是各驱动芯片内电阻值减小，拉低芯片总供电电压。

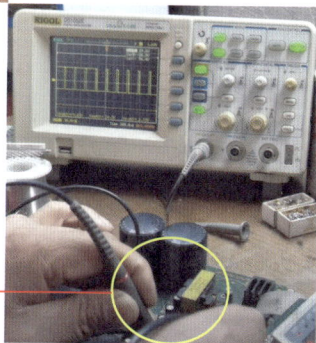

④检查完这些之后，再用示波器检查一下各驱动电路输出的波形是否正常。

图 6-29　驱动电路故障检测维修方法

在维修完驱动电路后，将 IGBT 模块连接到驱动电路上前，最好先串联一个灯泡或一个功率大一点的电阻测试一下电路好坏，在确保 100% 正常的情况下，再将 IGBT 模块接入，否则有可能会出现由于没有完全修复故障导致 IGBT 烧坏的情况。

### 6.4.8 快速诊断电流检测电路故障

电流检测电路出现故障后，通常显示板会出现"OC"（过电流）"GF"（接地故障）等报警提示。不过出现"OC""GF"故障并非表示电流检测电路一定有问题，因为驱动电路出现故障也可能会出现这样的报警。因此在出现报警故障后，应先通过检测来辨别是哪个电路出现的故障。

#### 1）快速诊断变频器报"OC"故障

变频器报"OC"故障一般包括两种——变频器上电即报"OC"故障和启动运行时报"OC"故障，下面详细分析。

#### （1）快速诊断上电即报"OC"故障

上电即报"OC"故障是指上电后处于待机状态，未接收启动信号时，操作面板显示"OC"故障。发生此故障说明主板 CPU 在上电自检中，检测到故障报警端口有严重过载情况存在，或判断电流检测电路已经损坏，起不到正常保护作用。

上电即报"OC"故障分析如图 6-30 所示。

①一般上电瞬间报出"OC"故障，多为 IGBT 模块的检测电路检测到异常高的管压降，由驱动电路返回"OC"信号。
②当驱动电路的 IGBT 模块保护电路发生故障时，也会向 CPU 返回一个"OC"信号，使 CPU 在上电即报出"OC"故障。
③当电流检测电路发生故障时，如基准电压不正常或检测电路的元器件损坏，也会使 CPU 报出"OC"故障。

图 6-30　上电即报"OC"故障分析

#### （2）快速诊断启动时或运行中报"OC"故障

启动时或运行中报"OC"故障是指变频器上电正常，在启动的瞬间报"OC"

故障，或启动正常在运行中报"OC"。这种故障分析如图 6-31 所示。

①当电流检测电路发生故障时，如电路中电流互感器损坏，或电阻、二极管等元器件损坏或性能不良，也会造成"OC"报警。
②对于启动即报"OC"故障，还应检测直流回路的储能电容有无容量减小和失容现象，如果不是储能电容问题，接着检查负载电动机是否存在绝缘老化等问题，也可以更换负载电动机试验。

图 6-31　启动时或运行中报"OC"故障分析

**注意**：一般运行多年的电动机，绕组的绝缘程度已大大降低，甚至有了明显的绝缘缺陷，处于电压击穿的临界点上，容易引起并不起眼的"漏电流"，但由于未能产生电压击穿现象，电动机还在"正常运行"。因此应注意检查这类问题引起的变频器报"OC"故障。

### 2）快速诊断变频器报"GF"故障

变频器报"GF"故障分为两种情况：上电即报"GF"故障和启动瞬间报出"GF"故障。变频器报"GF"故障分析如图 6-32 所示。

变频器报"GF"故障原因一般是变频器输出端的接线有接地情况，或负载电动机有接地情况（如电动机绕组与外壳绝缘变坏等），或"GF"故障检测电路故障等引起的，应重点检查这些方面。

图 6-32　变频器报"GF"故障分析

### 6.4.9　快速诊断变频器中变频电路综合故障

在维修变频电路时，一般先检查变频电路板（即电源电路板）有无炸裂、熏黑等明显损坏的元器件，然后在断电情况下，对限流电阻、IGBT 模块、滤波电容、电阻、二极管等一些重点元器件进行检测。如果没有短路的情况，再通电对电源电路板中的一些关键点电压进行检测，以找出故障点，排除故障。

下面将详细讲解变频电路综合故障维修方法。

第1步：在通电检测前，首先要检测 IGBT 模块是否有短路问题，如图 6-33 所示。

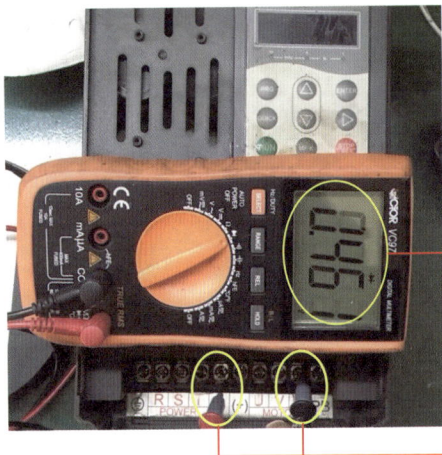

将万用表调到二极管挡，红表笔接直流母线的负极，即N端子（或−端子），黑表笔分别接U、V、W三个端子，测量三次，测量的值都为0.46V，说明逆变电路中下臂的三个变频元器件都正常。然后将黑表笔接直流母线的正极，即P端子（或+端子），红表笔分别接U、V、W三个端子，测量三次，测量的值也都是0.46V，说明逆变电路上臂变频元器件都正常。如果测量值为0或无穷大，说明IGBT模块损坏需要更换。

图 6-33 检测 IGBT 模块

第2步：检测整流电路是否有短路故障，如图 6-34 所示。

①将数字万用表调到二极管挡，黑表笔接直流母线的正极，即P端子（或+端子），红表笔分别接R、S、T（或L1、L2、L3）三个端子，测量三次，测量的值都为0.53V左右，说明整流电路中上面的三个整流二极管均正常。

②将红表笔接直流母线的负极，即N端子（或−端子），黑表笔分别接R、S、T（或L1、L2、L3）三个端子，测量三次，测量的值都为0.53V左右，说明整流电路中下面的三个整流二极管也都正常。如果测量值为0或无穷大，说明整流二极管或整流桥堆损坏。

图 6-34 测量整流电路

第3步：拆下变频器的变频电路板，对其外观进行仔细观察，看是否有损坏的元器件。如图 6-35 所示。

①观察电路板是否被摔过，导致板角发生变形。观察芯片的插座，看是否有由于没有专用工具，而被强制撬坏的。观察电路板上的芯片，若是带插座的，首先观察芯片是否被插错，这主要是防止操作者维修电路板时将芯片的位置或方向插错。如果插错，当给电路板通电时，有可能会烧坏芯片，造成不必要的损失。如果电路板上带有短接端子，观察短接端子是否被插错。

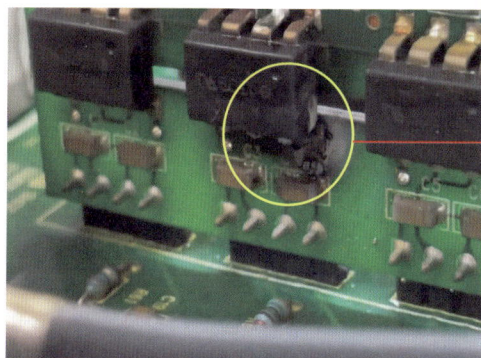

②观察电路板上的元器件有没有被烧坏的。比如保险管、IPM模块、IGBT模块、开关管、电阻、电容、二极管、集成芯片有没有鼓包、裂口、烧糊、发黑的情况。观察电路板上的走线有没有起皮、烧糊断路的情况。

③如果有上述故障，根据损坏的元器件所在电路，查找它的上级电路，一步一步向上推导，找出故障发生的原因，并更换损坏的元器件。

图 6-35　检查电路板中元器件

第 4 步：对于无明显烧坏或损坏的变频电路板，接下来检测变频电路板中的限流电阻是否有短路故障，如图 6-36 所示。

将万用表调到欧姆挡，在电源电路板背面用两表笔接限流电阻的两个引脚，测量值为5.424MΩ，正常应该为几十欧，说明限流电阻已损坏。

限流电路中的限流电阻

图 6-36　测量限流电阻

第 5 步：检测变频电路板中的滤波电容是否有短路故障，如图 6-37 所示。

①用数字万用表的蜂鸣挡（或指针万用表欧姆挡的×1k挡）在路测量。
②对电容器进行放电（在两只引脚间串接一个阻值大的电阻器），然后将万用表的两表笔接滤波电容器的两个引脚进行测量。
③如果测量的阻值为0，说明滤波电容被击穿损坏。
④如果阻值不断变化，最后变成无穷大，说明滤波电容基本正常。如果想准确测量电容器好坏，可以拆下电容器测量其电容量来判断好坏。

滤波电容

图 6-37　测量滤波电容

第 6 步：在以上检查均正常的情况下，准备通电检查变频电路板中的关键电压信号及波形。先测量 IGBT 模块的供电电压，如图 6-38 所示。

将万用表调到直流电压1000V挡，然后将红表笔接模块的P引脚，黑表笔接N引脚测量供电电压，正常为300V左右（单相）或500V左右（三相）。也可以测量整流桥堆输出的电压。如果电压不正常，重点检查整流电路中的整流桥堆或整流二极管或IGBT模块，滤波电路中的滤波电容等元器件。

图 6-38　测量 IGBT 模块供电电压

第 7 步：测量 IGBT 模块引脚中各驱动电路 G、E 间（如 GU、EU）的驱动信号是否正常，如图 6-39 所示。

第 8 步：在检查完驱动信号后，再用示波器测量各路驱动信号的波形是否正常，如图 6-40 所示。

第 9 步：如果驱动信号都正常，接着检测电流检测电路中的电流互感器输出端电压是否正常，如图 6-41 所示。

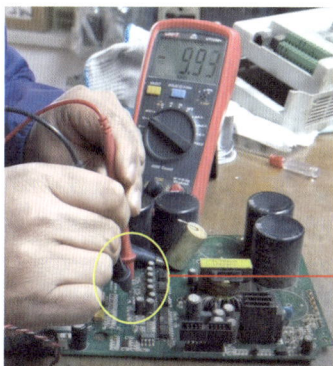

将万用表调到直流电压20V挡，红表笔接IGBT模块的GU引脚，黑表笔接EU引脚，测量电压值。正常应该有负几伏的电压，且各驱动电路电压都一致。如果电压不正常，则重点检查对应的驱动电路中的驱动芯片及电阻、二极管等元器件。

图6-39　测量IGBT模块各驱动电路G、E引脚间的电压

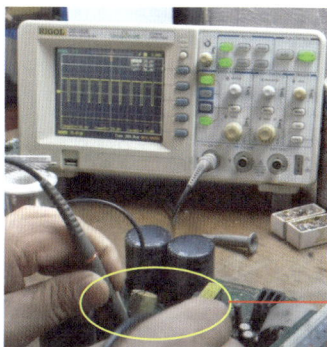

将示波器的信号探测笔接IGBT模块各路驱动信号输入脚（如GW、EW）测量驱动信号的波形。正常为矩形波。如果不正常，重点检查驱动芯片的供电电压和驱动芯片、电阻、二极管等元器件。

图6-40　测量各路驱动信号的波形

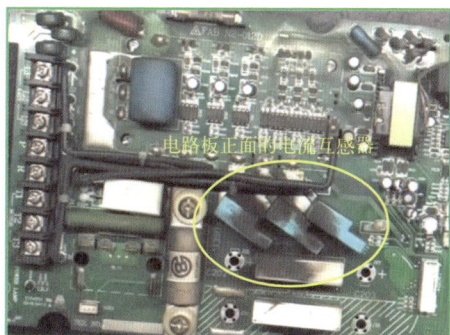

电路板正面的电流互感器

将万用表挡位调到直流电压20V挡，然后将红表笔接第一个电流互感器的输出脚，黑表笔接地脚，测量其输出电压。因为电流互感器是双电源供电，静态时其输出的电压分别对地是0V左右，波动范围在5mV以内是正常的。如果测量的电压值较大，说明电流互感器损坏。如果电流互感器输出端电压正常，接着检测电流检测电路中运算放大器芯片和光耦合器是否正常，若有损坏则更换损坏的元器件。

图6-41　测量电流互感器

第 10 步：测量处理器（CPU）的供电电压，如图 6-42 所示。

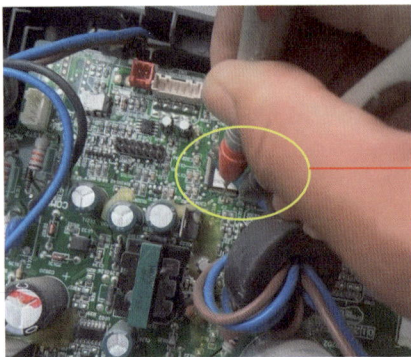

将万用表调到直流电压20V挡，红表笔接处理器（CPU）的供电引脚或供电电路中稳压器输出脚，黑表笔接地或稳压器的GND脚，测量供电电压（一般为3.3V或1.8V）。如果电压不正常，检查供电电路中的稳压器、滤波电容等元器件。

图 6-42　测量处理器（CPU）的供电电压

# 6.5 变频器中变频电路故障维修实战

变频器的故障大部分都是变频电路故障引起的，通常在检测变频器不上电、无输出、上电无反应等故障时，都会首先检测其变频电路是否正常。下面本节将通过一些维修实战案例总结一些变频器变频电路故障的维修经验。

## 6.5.1 变频器不上电故障维修实战

一台故障汇川变频器，客户反映开机不上电，显示屏无显示。因为显示屏的供电是由开关电源电路提供，所以故障可能是开关电源电路故障引起的，另外，开关电源电路的输入电源取自变频电路，所以故障也可能是变频电路故障引起的。

此故障的维修方法如下。

第 1 步：在通电检测前，用万用表检测整流电路和 IGBT 模块是否有问题，防止通电后造成变频器电路二次损坏。测量整流电路是否有损坏，如图 6-43 所示。

第 2 步：测量 IGBT 模块中变频元器件是否有损坏，如图 6-44 所示。

第 3 步：拆开变频器外壳，再拆下电源电路板。因为上一步测量时，黑表笔接在直流母线的正极（P 端子），而这个测量点与逆变电路之间还有限流电阻、充电继电器等元器件，如果限流电阻出现断路故障，也同样会造成上一步的测量结果，所以先检测限流电阻是否正常，如图 6-45 所示。

第 4 步：用电烙铁拆下限流电阻，可以看到充电电阻已经开裂损坏，如图 6-46

所示。

①拆开变频器的外壳，然后将数字万用表调到二极管挡，黑表笔接直流母线的正极（P端子），红表笔分别接R、S、T或L1、L2、L3三个端子，测量三个管电压，测量的值都为0.5345V，说明整流电路中上面的三个整流二极管均正常。

②将红表笔接直流母线的负极（N端子），黑表笔分别接R、S、T或L1、L2、L3三个端子，测量三个管电压。测量的值都为0.5313V，说明整流电路中下面的三个整流二极管也都正常。

图6-43　测量整流电路是否有损坏

①将红表笔接直流母线的负极（N端子），黑表笔分别接U、V、W三个端子，测量三个管电压。测量的值都为0.4648V，说明逆变电路中下臂的三个变频元器件都正常。

图6-44

②将黑表笔接直流母线的正极（P端子），红表笔分别接U、V、W三个端子，测量三个管电压。测量的值都为无穷大（正常应为0.46V左右），说明逆变电路上臂变频元器件可能有问题。

图6-44　测量IGBT是否有损坏

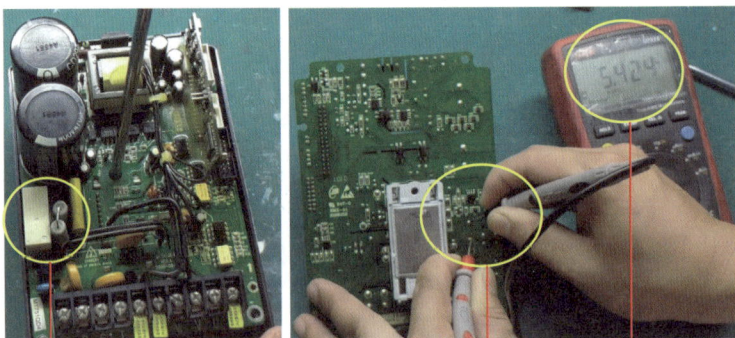

限流电阻和充电继电器

将万用表调到欧姆挡，在电源电路板背面用两表笔接限流电阻的两个引脚，测量值为5.424MΩ，正常应该为几十欧姆，说明限流电阻已损坏。

图6-45　测量限流电阻

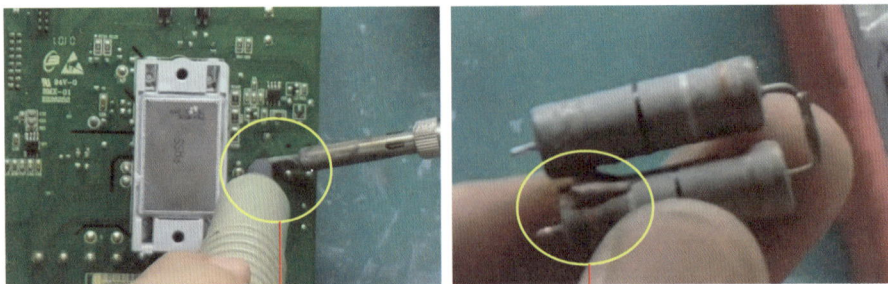

拆下限流电阻观察，发现已经开裂损坏。

图6-46　拆卸限流电阻

第5步：用同型号的限流电阻替换损坏的电阻（因为手边没有现成的限流电阻，所以用两个阻值相同的水泥电阻暂时替换进行故障测试）。更换限流电阻后，接下来再次测量逆变电路，如图6-47所示。

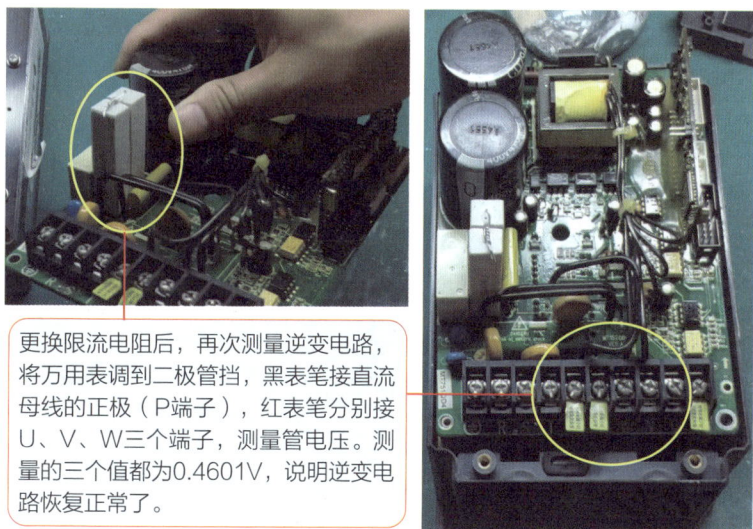

更换限流电阻后，再次测量逆变电路，将万用表调到二极管挡，黑表笔接直流母线的正极（P端子），红表笔分别接U、V、W三个端子，测量管电压。测量的三个值都为0.4601V，说明逆变电路恢复正常了。

图6-47　再次测量逆变电路

第6步：给变频器接上供电电压，通电测量直流母线电压，如图6-48所示。

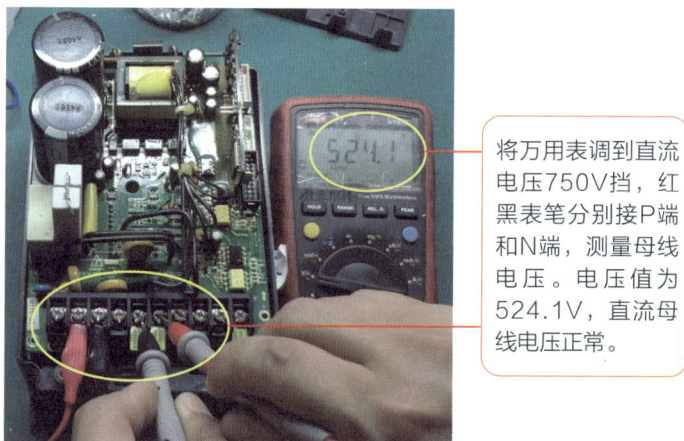

将万用表调到直流电压750V挡，红黑表笔分别接P端和N端，测量母线电压。电压值为524.1V，直流母线电压正常。

图6-48　测量直流母线电压

第7步：将主板连接好，进行测试，发现通电后显示器有显示，说明变频器的显示器工作正常了，再在变频器输出端连接电动机进一步测试，如图6-49所示。

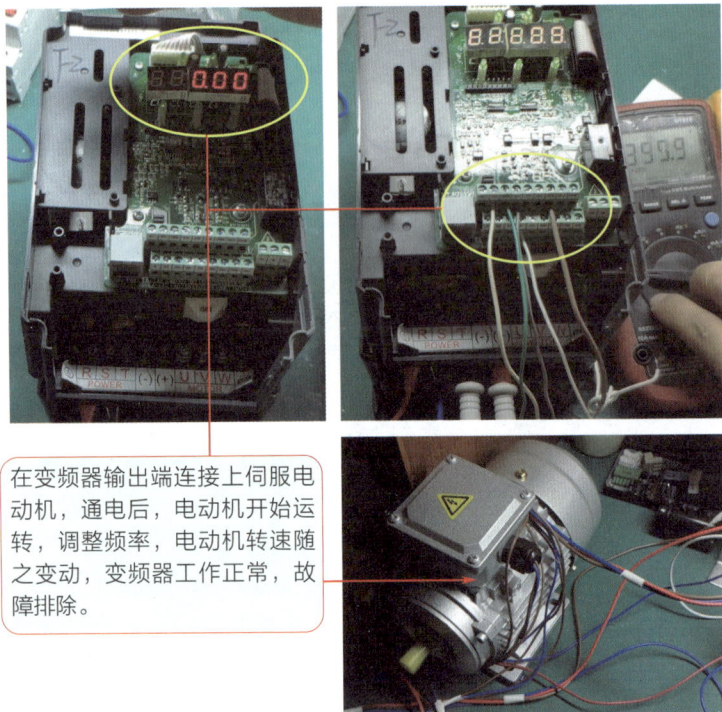

在变频器输出端连接上伺服电动机，通电后，电动机开始运转，调整频率，电动机转速随之变动，变频器工作正常，故障排除。

图 6-49　通电测试变频器

### 6.5.2　变频器不通电故障维修实战

客户送来一台故障变频器，描述通电后没反应。变频器通电没反应的故障一般都是电源电路故障引起的，因此接下来重点检查变频器的电源电路。

此变频器故障检测维修方法如下。

第 1 步：拆开变频器的外壳，准备在断电的情况下，检测主电路是否有损坏的情况。

第 2 步：将数字万用表调到二极管挡，测量直流母线的负极与电源输入端口间的管电压是否正常，如图 6-50 所示。

第 3 步：测量直流母线的负极与电源输出端口间的管电压是否正常，如图 6-51 所示。

第 4 步：拆下变频器的电路板准备做进一步的检测，如图 6-52 所示。

第 5 步：拆下电源电路板后，检查 IGBT 模块，发现模块周围电路板被烧黑，如图 6-53 所示。

第 6 步：用电烙铁拆下 IGBT 模块，看到模块底部已被烧黑，如图 6-54 所示。

第 7 步：在更换新的 IGBT 模块之前，我们需要先测量驱动电路等电路中的元器件是否有损坏，如图 6-55 所示。

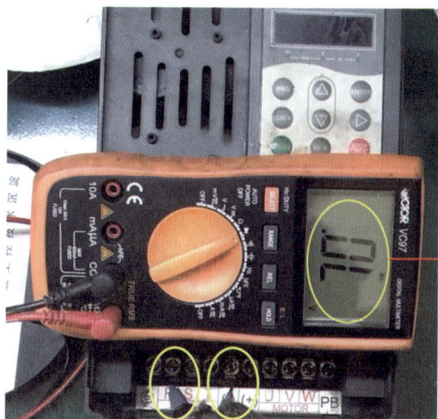

将红表笔接直流母线的负极，即N端子（或−端子），黑表笔分别接R、S、T三个端子，测量三次，测量的值都为无穷大，说明整流电路中下面的三个整流二极管均损坏。再将黑表笔接直流母线的正极，即P端子（或+端子），红表笔分别接R、S、T三个端子，测量三次，测量的值也都是无穷大，说明整流电路中上面的三个整流二极管也都损坏了。

图 6-50  检测整流电路好坏

将红表笔接直流母线的负极，即N端子（或−端子），黑表笔分别接U、V、W三个端子，测量三次，测量的值都约为0.46V，说明逆变电路中下臂的三个变频元器件都正常。然后将黑表笔接直流母线的正极，即P端子（或+端子），红表笔分别接U、V、W三个端子，测量三次，测量的值也都约为0.46V，说明逆变电路上臂变频元器件都正常。

图 6-51  检测 IGBT 模块

拆下变频器的电路板

图 6-52  拆下电路板

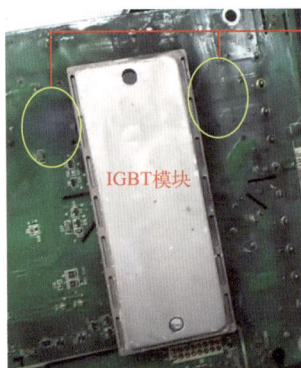

检查发现IGBT模块周围发黑。由于此模块中集成了整流电路，而之前测量整流电路中的整流二极管的管电压都是无穷大，说明模块内部整流二极管已经烧坏断路，此模块已经损坏。

图6-53  检查IGBT模块

IGBT模块底部烧黑

图6-54  拆卸IGBT模块

如果不更换其他损坏的元器件，直接更换IGBT模块，上电后极有可能再次烧坏IGBT模块。在未装IGBT模块的情况下，给电源电路板通电，然后从IGBT的引脚测量各驱动电路G、E间的电压是否正常。正常应该有负几伏的电压（如−7.5V），且各驱动电路电压都一致。如果有电压不正常的，则可能是此路驱动电路有问题。

图6-55  检测驱动电路的元器件

第8步：对于不正常的驱动电路，要重点检查驱动芯片，及驱动电路中的电阻等元器件，找到损坏的元器件，并更换掉，再用示波器测量各路驱动信号的波形是否正常，如果不正常，还要继续找出问题元器件，如图 6-56 所示。

检查驱动芯片

图 6-56　检查驱动芯片

第9步：在驱动电路的驱动电压和波形均正常的情况下，才考虑更换 IGBT 模块。首先准备好 IGBT 模块，并在其背面涂抹散热硅脂，如图 6-57 所示。

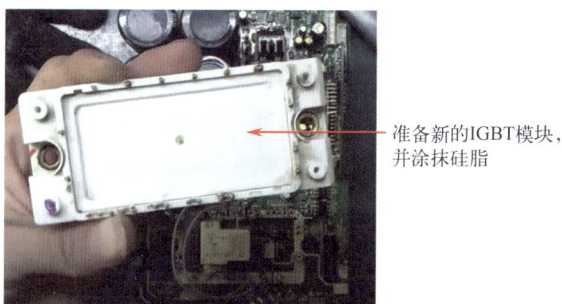

准备新的IGBT模块，并涂抹硅脂

图 6-57　在 IGBT 模块涂抹硅脂

第10步：先将 IGBT 模块安装到电路板上，并固定好，准备焊接 IGBT 模块引脚。注意，要先固定好，才能焊接，这样可以防止先焊接后无法安装，如图 6-58 所示。

将IGBT模块安装到电路板上

图 6-58　固定 IGBT 模块

第11步：安装固定好IGBT模块后，接着开始焊接IGBT模块引脚，如图6-59所示。注意，焊点要均匀饱满，且不能虚焊。

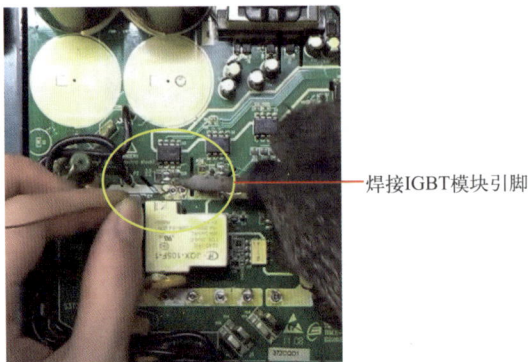

焊接IGBT模块引脚

图6-59　焊接IGBT模块

第12步：焊接完成后，将变频器的主板装好，通电测试，变频器可以正常开机，然后连接上电动机进行测试，电动机运行正常，故障排除，如图6-60所示。

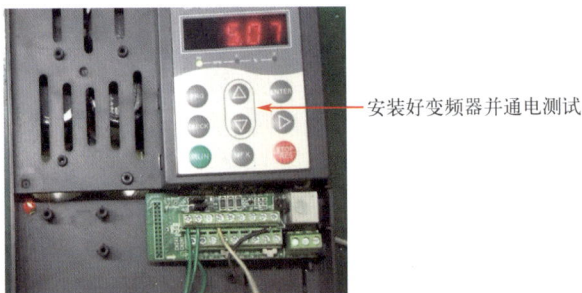

安装好变频器并通电测试

图6-60　通电测试变频器

### 6.5.3　变频器炸模块故障维修实战

客户送来一台变频器，说模块被炸，变频器损坏无法工作。一般IGBT模块被炸坏，通常会导致驱动电路等电路一块损坏，因此在更换IGBT模块前，需要仔细检查驱动电路等电路，排除所有损坏的元器件，才能更换IGBT模块。

变频器炸模块故障维修方法如下。

第1步：拆开变频器的外壳，拆下电路板准备检查电路板故障，如图6-61所示。

第2步：用电烙铁将IGBT模块拆下，如图6-62所示。

第3步：为了避免再次炸模块，在更换IGBT模块前，需要先对电路板中的各主要电路进行检查。由于电路板被烧黑，需要清洗电路板，如图6-63所示。

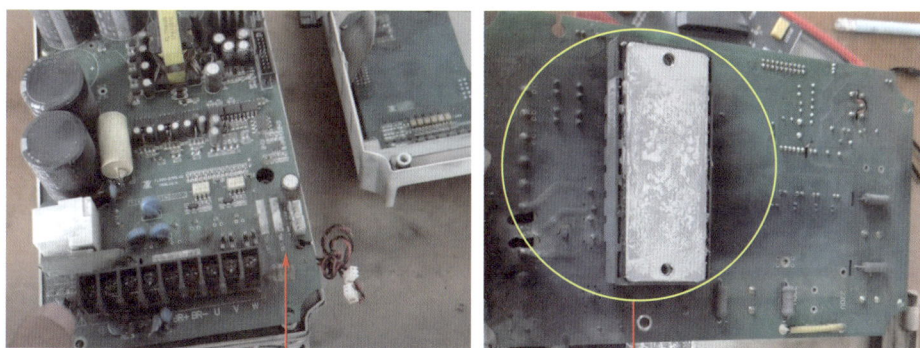

检查电源电路板，发现IGBT模块周围及电路板都被烧黑，看来模块烧坏程度挺严重。

图6-61 拆机检查电路板

用电烙铁拆下IGBT模块，准备更换一个同型号新IGBT模块。

图6-62 拆下IGBT模块

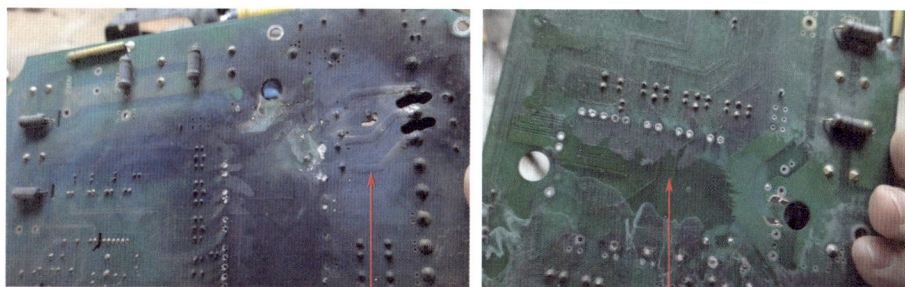

用刷子沾上洗板水，刷洗电路板中烧黑的地方，反复刷洗直到电路板被清洗干净。

清洗后的电路板

图6-63 清洗电路板

第4步：在清洗好电路板后，接着检查电路板中有无明显损坏的元器件，如图6-64所示。

仔细检查电路板中的元器件，看有没有鼓包、烧黑、炸裂等明显损坏的元器件，如果有，先将这些元器件更换掉。

经检查发现有几个元器件明显损坏，直接将其更换掉。

图 6-64　检查电路板

第 5 步：在未装 IGBT 模块的情况下，给电源电路板通电，然后测量驱动电路是否正常，如图 6-65 所示。

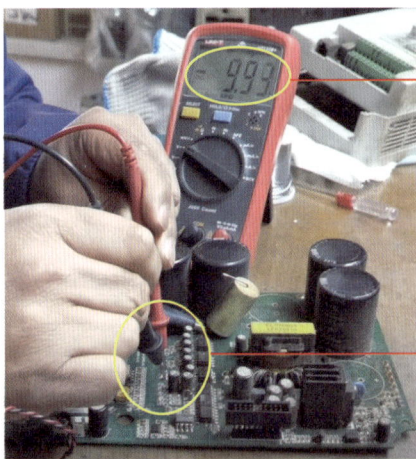

将万用表调到直流电压20V挡，红黑表笔分别接IGBT的引脚GU和EU、GV和EV、GW和EW，测量三路驱动电压。正常应该有负几伏的电压，且各驱动电路电压都一致。如果有电压不正常的，则可能是此路驱动电路有问题，需要重点检查对应的驱动电路中的驱动芯片及其他元器件。经检查驱动电压均在正常范围。

图 6-65　检测驱动电路

第 6 步：在检查完驱动电压后，还需用示波器进一步测量各路驱动信号的波形，以保证驱动电路完全正常，如图 6-66 所示。

第 7 步：在检查完所有电路后，准备安装 IGBT 模块，如图 6-67 所示。

第 8 步：将 IGBT 模块先固定到散热片上，并固定好，然后将电源电路板安装到散热片上（注意安装时要对准 IGBT 模块的引脚），用螺钉固定好电路板，如图 6-68 所示。

此驱动信号波形正常

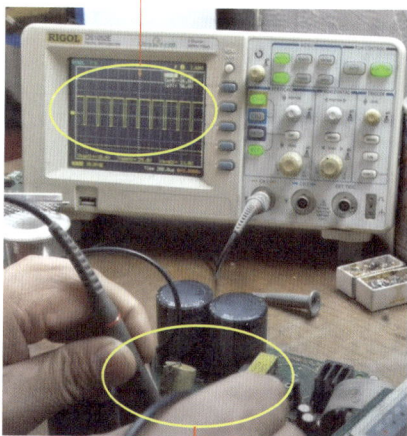

有故障的波形

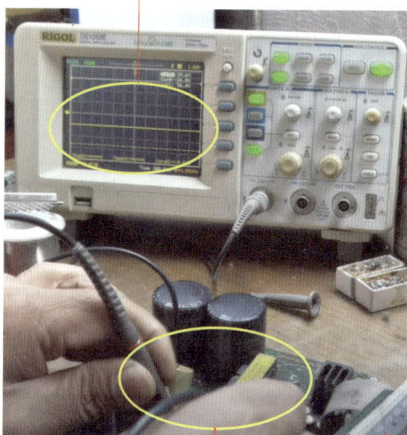

将示波器的正极探针分别接IGBT模块引脚的GU、GV、GW引脚，负极探针接地，测量波形。正常应为矩形波。

在测量其中一路驱动信号波形时，发现波形为一条直线，说明对应的驱动电路不正常，还有损坏的元器件。然后经过测量发现驱动电路中的一个电阻开路损坏，更换电阻后波形变正常。

图 6-66　测量驱动信号波形

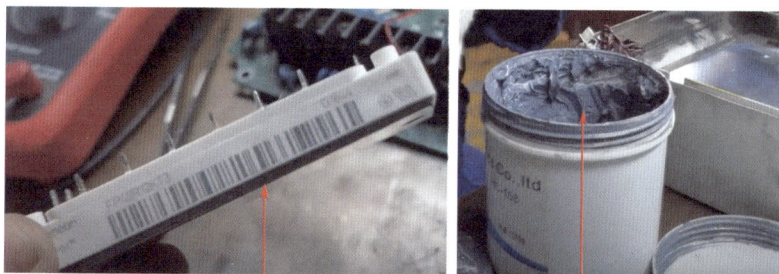

在IGBT模块的背面涂抹一层薄薄的散热硅脂，这样利于散热。

图 6-67　在 IGBT 模块上涂抹硅脂

提示　　这种先固定 IGBT 模块再焊接引脚的方法，是为了将 IGBT 模块准确焊接在电路板，防止先焊接好 IGTB 模块后，出现无法安装进去的问题。

第 9 步：焊接好 IGBT 模块后，接着安装好变频器的主板及显示屏等，之后接好电源线，通电试机，如图 6-69 所示。

将IGBT模块先固定到散热片上，并拧好固定螺钉。

安装好电源电路板后，用电烙铁焊接IGBT模块的引脚。

图6-68　安装IGBT模块

通电后，看到变频器显示正常，接着连接一个电动机进行测试，发现电动机运转正常，调节频率运转也正常，变频器故障排除。

图6-69　测试变频器

### 6.5.4　变频器运行报"OC1"过电流故障维修实战

一台故障变频器，客户说变频器可以通电开机，但一按运行按钮报"OC1"过电流故障。根据故障现象分析，此变频器中整流电路、IGBT模块应该正常，故障可能是电流检测电路故障或驱动电路故障引起的。

变频器运行报"OC1"过电流故障维修方法如下。

第1步：在维修故障变频器时，保险起见，在给变频器通电开机前，应先对变频器的整流电路和IGBT模块进行初步的检查，看是否有短路故障，防止直接开机烧坏IGBT模块，如图6-70所示。

第2步：测量逆变电路中的变频元器件是否正常，如图6-71所示。

第3步：给变频器通电开机，发现变频器开机正常，未出现错误报警，然后按运行按钮，发现变频器出现"OC1"（过电流）错误报警，如图6-72所示。

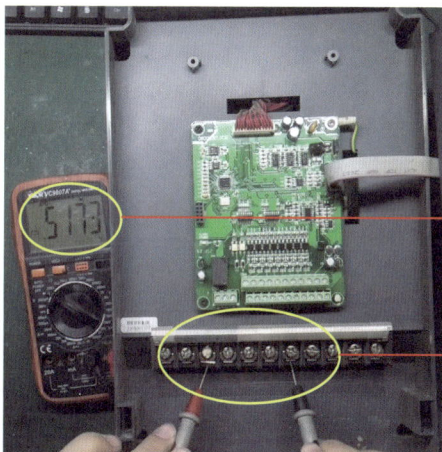

首先拆开变频器外壳，将数字万用表调到二极管挡，将红表笔接直流母线的负极，即N（或－）端子，黑表笔分别接R、S、T（或L1、L2、L3）三个端子，测量三次，测量的值都为0.5173V，管电压正常（正常为0.5V左右）。接着将黑表笔接直流母线的正极，即P（或+）端子，红表笔分别接R、S、T（或L1、L2、L3）三个端子，测量三次，测量的值也都是0.51V左右，说明整流电路中的整流二极管或整流桥堆正常。

图6-70 测量整流电路的好坏

将红表笔接直流母线的负极，即N（或－）端子，黑表笔分别接U、V、W三个端子，测量三次，测量的值都为0.3264V，管电压正常（正常为0.3～0.6V），说明逆变电路中下臂的三个变频元器件都正常。然后将黑表笔接直流母线的正极，即P（或+）端子，红表笔分别接U、V、W三个端子，测量三次，测量的值也都是0.32V左右，说明逆变电路上臂变频元器件都正常。

图6-71 测量IGBT模块好坏

运行时显示"OC1"（过电流）报警

图6-72 运行时显示过电流报警

第4步：准备检查电源电路板，将变频器外壳拆开，并拆下主板等电路板。然后用万用表检查电源电路板中主要的元器件，未发现短路或断路损坏的情况。接着在通电情况下，检查电源电路板中的电流检测电路的供电电压，供电电压正常，初步判断电流检测电路正常，如图6-73所示。

检测电源电路中主要的元器件是否正常。

图6-73　检测电源电路板中主要元器件

第5步：准备检查驱动电路，保险起见，先把IGBT模块拆下来，防止在通电检测时烧坏IGBT模块，如图6-74所示。

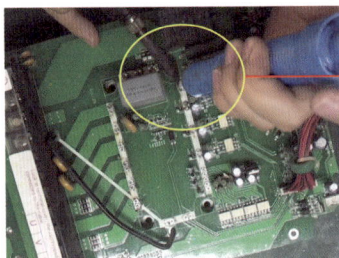

用电烙铁拆IGBT模块

图6-74　拆卸IGBT模块

第6步：在检查驱动电路时，先检测驱动上桥三只IGBT的三路驱动信号G和E端间的阻值是否相同，如图6-75所示。

首先将数字万用表调到欧姆200k挡，然后检测电路板中IGBT模块安装孔中驱动电路中驱动上桥三只IGBT的三路驱动信号G和E端（即GU与EU引脚孔、GV与EV引脚孔、GW与EW引脚孔）间的阻值是否相同，驱动下桥三只IGBT的三路驱动信号的G和N端（即GX与N引脚孔、GY与N引脚孔、GZ与N引脚孔）间的阻值是否相同。经检查检测发现有一个阻值较低，不正常。

图6-75　测量驱动电路

第 7 步：检测此驱动电路支路中的元器件，发现有两个二极管损坏。更换同型号的二极管后，重新测量此驱动电路支路 G、E 间的阻值，测量的阻值变正常了，如图 6-76 所示。

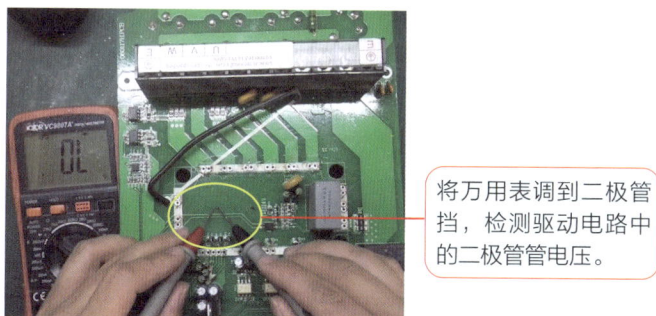

将万用表调到二极管挡，检测驱动电路中的二极管管电压。

图 6-76　检测驱动电路中的元器件

第 8 步：将 IGBT 模块重新焊接回电路板中，然后在 IGBT 模块上涂抹散热硅脂，并安装好变频器的电路板，准备试机，如图 6-77 所示。

焊接IGBT模块

图 6-77　安装 IGBT 模块

第 9 步：在变频器上连接负载，然后通电开机，未出现错误报警，接着启动运行，也未出现"OC1"过电流报警，再调整运行频率，负载正常工作，变频器工作正常，故障排除，如图 6-78 所示。

通电测试

图 6-78　测试变频器

## 6.5.5 变频器开机报"EOCA"过电流故障维修实战

一台故障海利普 HLP-A 变频器，客户描述变频器可以通电开机，但一开机启动就报"EOCA"过电流故障。一般过电流故障可能是驱动电路故障引起的，也可能是电流检测电路故障引起的，因此对这些电路都要进行检测。

变频器启动报"EOCA"过电流故障维修方法如下。

第 1 步：对于一台故障变频器在通电进行故障检测前，应先对整流电路和 IGBT 模块进行初步的检测，防止直接开机烧坏 IGBT 模块，如图 6-79 所示。

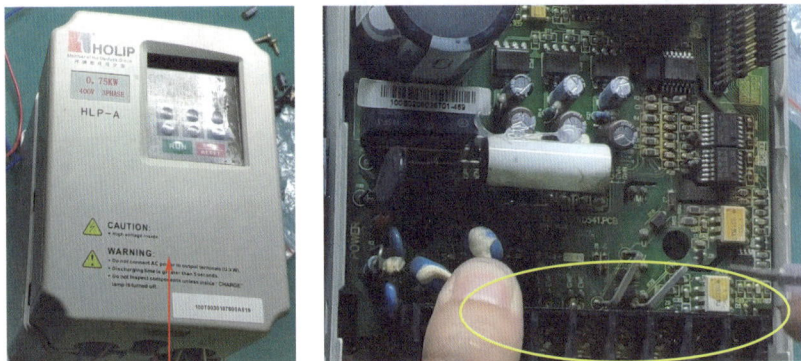

① 拆开变频器外壳，将数字万用表调到二极管挡，将红表笔接直流母线的负极，即 N（−）端子，黑表笔分别接 R、S、T 三个端子，测量三次，测量的值都为 0.46V。接着再将黑表笔接直流母线的正极，即 P（＋）端子，红表笔分别接 R、S、T 三个端子，测量三次，测量的值也都是 0.46V，说明整流电路中的整流二极管都正常。
② 将红表笔接直流母线的负极，即 N（−）端子，黑表笔分别接 U、V、W 三个端子，测量三次，测量的值都为 0.51V，说明逆变电路中下臂的三个变频元器件都正常。然后将黑表笔接直流母线的正极，即 P（＋）端子，红表笔分别接 U、V、W 三个端子，测量三次，测量的值也都是 0.51V，说明逆变电路上臂变频元器件都正常。

图 6-79 检测 IGBT 模块

第 2 步：给变频器通电准备检测电流检测电路和驱动电路。先用万用表直流电压 20V 挡测量电流检测电路中的光耦合器的供电电压，如图 6-80 所示。

第 3 步：检测电流检测电路中的光耦合器输出电压，如图 6-81 所示。

第 4 步：检测驱动芯片，如图 6-82 所示。

第 5 步：怀疑驱动电路中几个滤波电容可能有老化，接着检测其电容量和 $D$ 值，如图 6-83 所示。

第 6 步：将问题滤波电容器全部更换之后接上显示面板，通电开机测试，变频器没有提示过电流故障了，如图 6-84 所示。

先将万用表调到直流电压20V挡，红表笔接电流检测电路中的光耦合器的供电引脚，黑表笔接地，测量供电电压。测量的电压值为5.01V，电压正常。

图6-80　测量光耦合器供电电压

将万用表调到直流电压20V挡，红表笔接电流检测电路中的光耦合器的输出引脚，黑表笔接地。测量的输出电压为几毫伏，输出电压正常。

图6-81　测量光耦合器输出电压

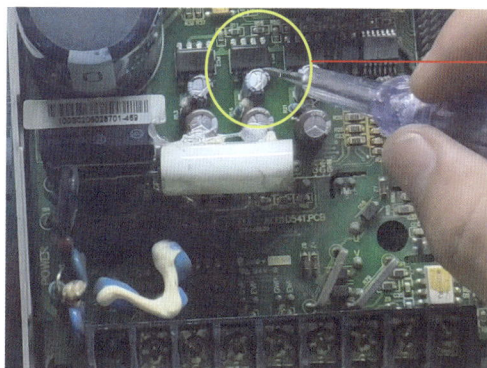

将万用表调到直流电压20V挡，红表笔接驱动电路中驱动芯片供电引脚，黑表笔接地，测量供电电压。测量的电压值为15.01V，电压正常。

图6-82　检测驱动芯片

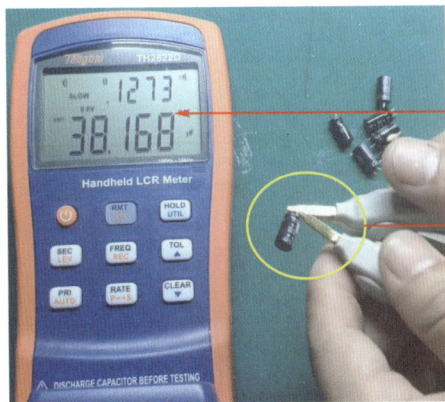

拆下怀疑老化的几个滤波电容，然后用电桥测量其电容量和 *D* 值，发现有 3 个滤波电容的电容值减少，*D* 值偏高。说明滤波电容的性能下降了。

图 6-83　检测电容器

更换问题滤波电容器。

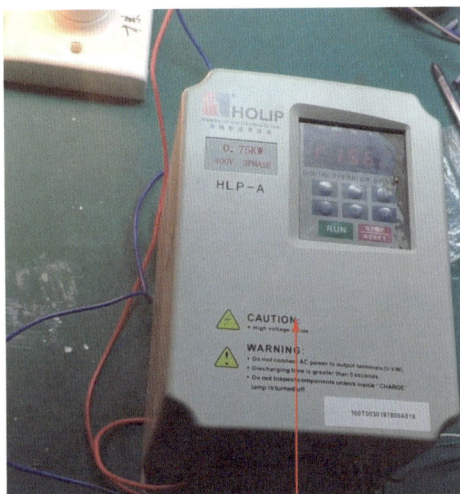

将变频器装好，然后接上负载进行测试。变频器可以正常开机，没有任何故障报警，且调整频率负载可以正常工作，变频器故障排除。

图 6-84　测试变频器

### 6.5.6　变频器上电提示"OC3"报警故障维修实战

　　一台故障变频器，客户描述开机出现"OC3"过电流报警。根据故障现象分析，可能故障是电流检测电路故障或驱动电路故障等引起的，重点检查电流检测电路和驱动电路。

变频器通电提示"OC3"报警故障维修方法如下。

第1步：在通电检测前，先用万用表检测一下整流电路和IGBT模块是否有问题，防止通电后造成变频器电路二次损坏。先测量整流电路是否短路，如图6-85所示。

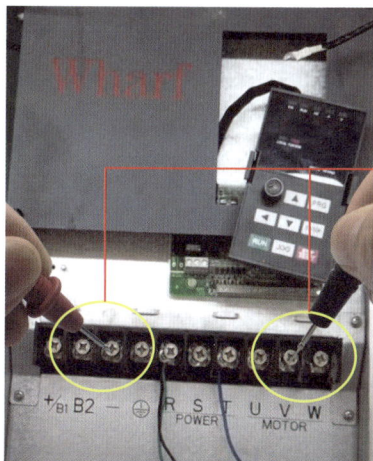

①拆开变频器外壳，然后检测IGBT模块，再通电测试。先将数字万用表调到二极管挡，将红表笔接直流母线的负极（－）端子，黑表笔分别接R、S、T三个端子，测量三次，测量的值都为0.51V。接着再将黑表笔接直流母线的正极，即P（＋）端子，红表笔分别接R、S、T三个端子，测量三次，测量的值也都是0.51V，说明整流电路中的整流二极管都正常。
②将红表笔接直流母线的负极（－）端子，黑表笔分别接U、V、W三个端子，测量三次，测量的值都为0.32V，说明逆变电路中下臂的三个变频元器件都正常。然后将黑表笔接直流母线的正极，即P（＋）端子，红表笔分别接U、V、W三个端子，测量三次，测量的值也都是0.32V，说明逆变电路上臂变频元器件都正常。

图6-85 检测整流电路和IGBT模块

第2步：给变频器接上电源，并开机，然后观察显示屏显示，如图6-86所示。

变频器开机后，发现在开机未启动的情况下显示面板报"OC3"过电流报警。

图6-86 开机观察错误报警

第3步：先断开电源，并对变频器电源电路板进行放电（在P端子和－端子间连接100W灯泡进行放电），然后拆开变频器，拆下电源电路板，仔细检查电源电路板的电流检测电路中的元器件，如图6-87所示。

先仔细检查电源电路板中的电流检测电路中是否有明显损坏的元器件。经检查，未发现明显损坏的元器件。

图6-87  检查电流检测电路中的元器件

第4步：用万用表检测电流检测电路中的二极管，如图6-88所示。

先将数字万用表调到二极管挡，然后检测电流检测电路中的二极管。测量值约为1.28V和1.21V，两个二极管均正常。

图6-88  检测电流检测电路中二极管

第5步：继续检测电流检测电路中的其他元器件，如图6-89所示。

将数字万用表调到蜂鸣挡，然后测量电流检测电路中的电容、电阻等元器件。发现有一个贴片电容的阻值很小，已经击穿损坏。

图6-89  检测电流检测电路中的其他元器件

第6步：将有问题的电容器拆下来，然后换一个同型号的贴片电容，如图6-90所示。

用电烙铁将有问题的电容器拆下来，然后将同型号的贴片电容焊接到电路板中。

图6-90　更换同型号的电容器

第7步：换好电容后，给电源电路板接上530V直流电压，然后测量电流检测电路中的供电电压，如图6-91所示。

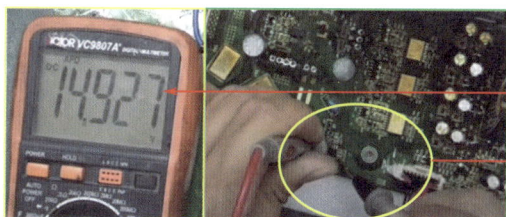

将万用表调到直流电压200V挡，然后红表笔接运算放大器芯片的供电引脚，黑表笔接地，测量其供电电压。测量电压为14.927V，电压正常。

图6-91　测量电流检测电路中的供电电压

第8步：将变频器的电路板装好，通电开机测试，如图6-92所示。

通电开机测试，过电流报警消失，之后给变频器连接负载电动机进行测试，电动机可以正常运转，调整频率，电动机运转也正常，故障排除。

图6-92　通电测试变频器

# 第 7 章

# 伺服驱动器中变频电路
# 芯片级维修实战

伺服驱动器是用来控制伺服电机的一种控制器，通过位置、速度和力矩对伺服电机进行控制，实现高精度的传动系统定位。因此在伺服驱动器的变频电路中，除了用于调节交流电频率的主电路和驱动电路外，还有一个重要的电路就是检测反馈电路。接下来本章将重点讲解伺服驱动器中变频电路的易坏芯片元器件、故障检测点、故障检修流程图、常见故障维修和故障维修实战案例等内容。

## 7.1 伺服驱动器中变频电路易坏芯片元器件

伺服驱动器的变频电路易坏元器件主要有：整流桥堆、限流电路中的热敏电阻和继电器、滤波电容、IPM 模块、制动 IGBT、光耦合器、二极管、电阻，如图 7-1 所示。

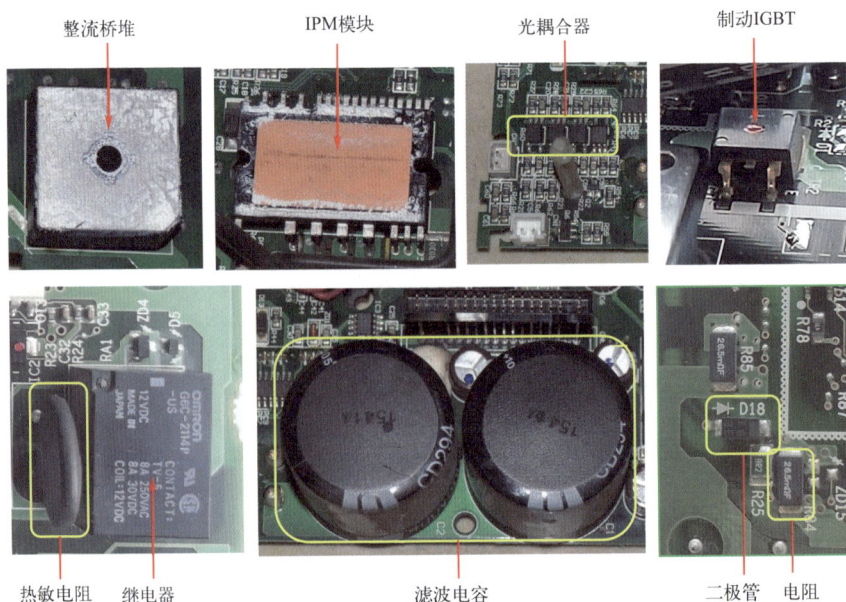

图 7-1　变频电路易坏元器件

## 7.2 伺服驱动器中变频电路故障检测点

伺服驱动器的变频电路中有一些故障率较高的部件，如整流桥堆、热敏电阻、滤波电容、IPM 模块、光耦合器等。在检测变频电路故障时，可以重点检测这些易坏元器件，来帮助查找故障原因。下面总结伺服驱动器中变频电路的常见故障检测点。

### 7.2.1 伺服驱动器中变频电路各功能电路位置以及电压检测点

如图 7-2 所示，将伺服驱动器的变频电路中各主要功能电路采用框注的方式进行标注，同时注明功能电路的关键电压检测点，让大家根据检测点的信号，去测量各功能电路是否工作正常。

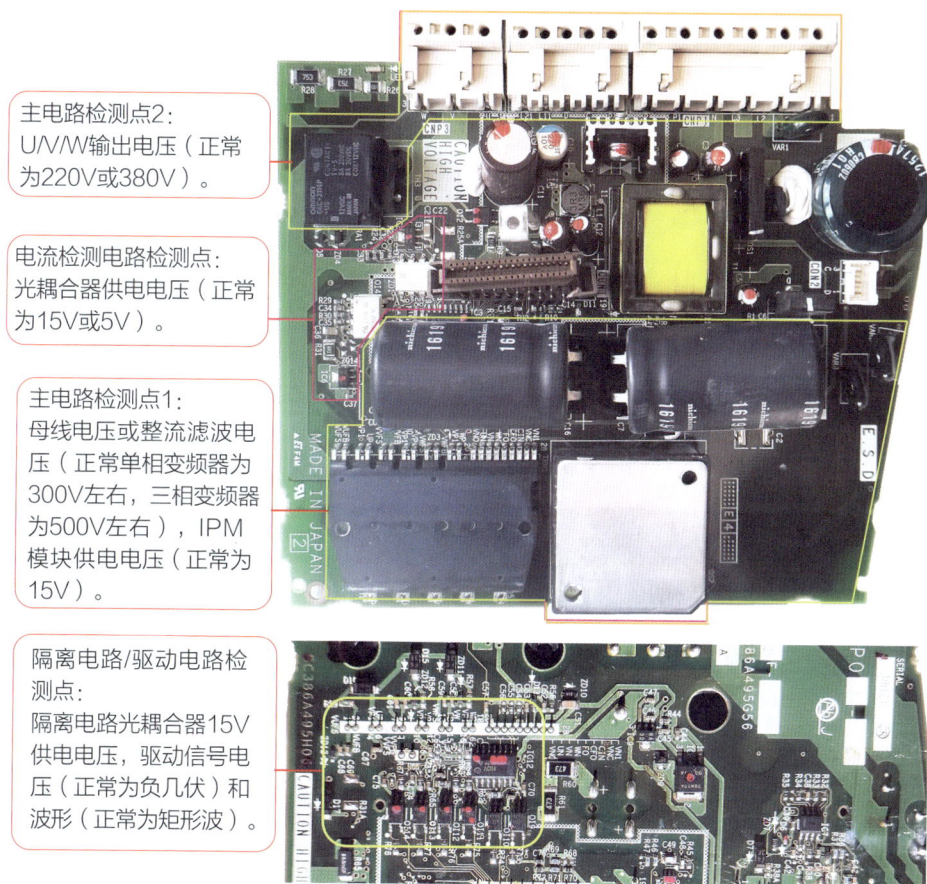

主电路检测点2：
U/V/W输出电压（正常为220V或380V）。

电流检测电路检测点：
光耦合器供电电压（正常为15V或5V）。

主电路检测点1：
母线电压或整流滤波电压（正常单相变频器为300V左右，三相变频器为500V左右），IPM模块供电电压（正常为15V）。

隔离电路/驱动电路检测点：
隔离电路光耦合器15V供电电压，驱动信号电压（正常为负几伏）和波形（正常为矩形波）。

图 7-2　各功能电路位置以及电压检测点

## 7.2.2 伺服驱动器中变频电路关键电压检测点

在诊断伺服驱动器中变频电路故障时，可以通过测量电路中关键电压信号来排查故障发生在哪个功能电路中。如通过测量母线电压是否正常，来判断整流电路、滤波电路、限流电路是否工作正常，以此来缩小故障排查区域，快速找到故障点。如图7-3所示为伺服驱动器中变频电路关键电压检测点。

故障检测点1：母线电压，通电测量P（＋）和N（－）端子间电压（正常单相伺服驱动器为300V左右，三相伺服驱动器为500V左右）。

故障检测点2：输出电压，通电测量U/V/W端子电压（正常为交流220V/380V左右）。

故障检测点3：电流检测电路中光耦合器供电电压，通电测量电流检测电路中光耦合器供电引脚电压（正常为15V或5V）。

故障检测点4：IPM模块供电电压，通电测量IPM模块VP1引脚电压（正常为15V）。

故障检测点5：隔离电路中光耦合器供电电压，通电测量隔离电路中光耦合器供电引脚电压（正常为5V）。

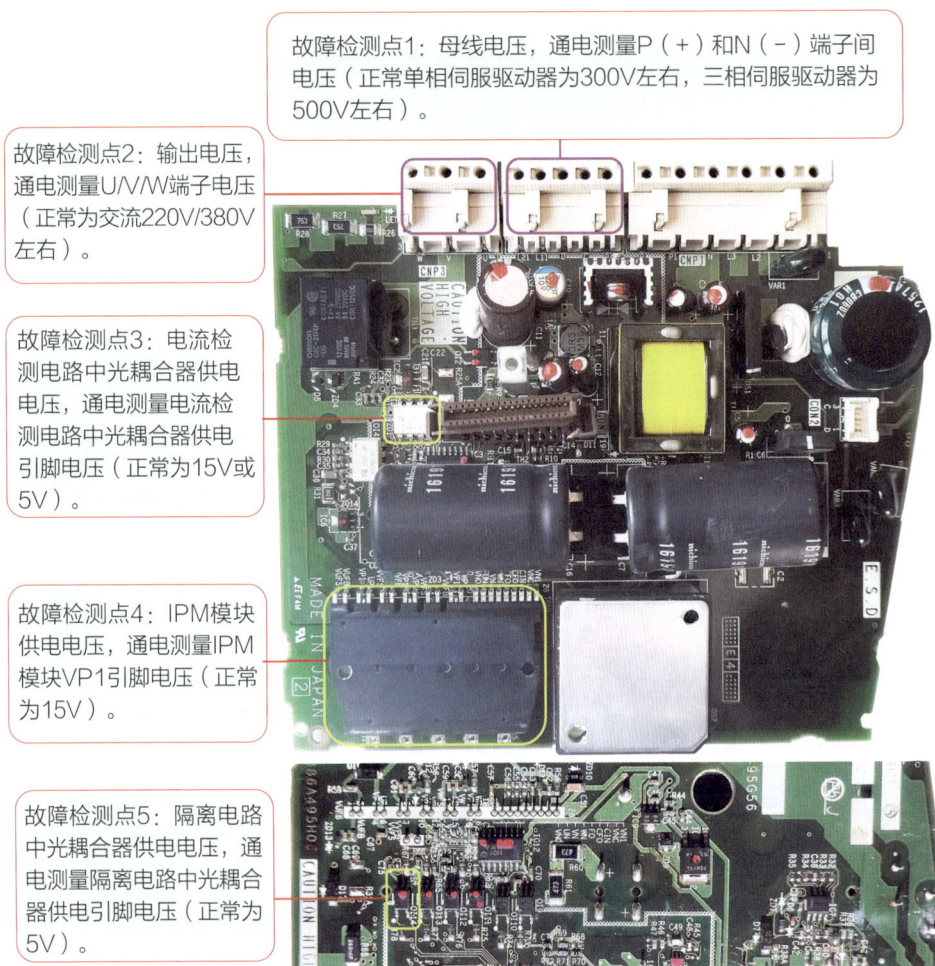

图7-3  变频电路关键电压检测点

## 7.2.3 伺服驱动器中变频电路关键元器件检测点

在检查伺服驱动器中变频电路故障时，要重点检测电路中故障率较高的元器件，这样可以快速找到故障原因。下面总结伺服驱动器中变频电路关键元器件检测点。

### 1）故障检测点 1：二极管

在伺服驱动器的变频电路中经常会看到一些整流二极管、稳压二极管等二极管损坏，在检测二极管时，可以通过测量二极管的管电压或电阻值来判断好坏，如图 7-4 所示。

将数字万用表调到二极管挡，然后将红表笔分别接检测电路中的二极管的正极，黑表笔接负极测量管电压，正常值为0.4~0.7V，如果测量的值为0或无穷大，说明其损坏。

图 7-4　测量二极管好坏

### 2）故障检测点 2：整流桥堆

伺服驱动器变频电路中的整流电路一般采用整流桥堆进行整流，当测量整流桥堆时可以通过测量整流桥堆引脚电压值或测量整流桥堆内部整流二极管压降来判断好坏，如图 7-5 所示（以三相整流桥堆为例）。

对于三相整流桥堆，测量时将红表笔接整流桥堆的第5脚（负极），黑表笔分别接第2脚、第3脚和第4脚，测量压降值；再将黑表笔接第1脚（正极），红表笔分别接第2脚、第3脚和第4脚，再次测量压降值。如果6次测量的压降值都在0.5~1V范围内，说明整流桥堆正常，有一组值不正常，则整流桥堆损坏。

图 7-5　整流桥堆好坏检测

### 3）故障检测点3：限流电阻

伺服驱动器变频电路的限流电路中多采用热敏电阻，当检测热敏电阻时，可以通过测量热敏电阻的阻值来判断好坏，如图7-6所示。

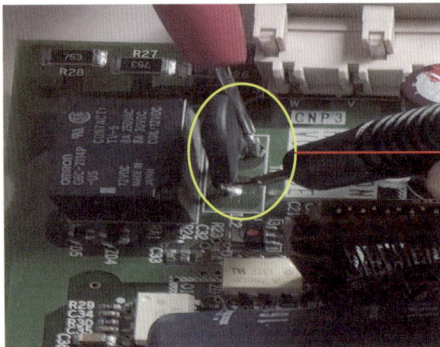

一般伺服驱动器限流电阻采用容量为10Ω左右的热敏电阻（具体阻值查看热敏电阻标注），测量时，先将数字万用表挡位调到200欧姆挡，然后两表笔接热敏电阻的两个引脚测量阻值。如果测量的阻值为无穷大，说明热敏电阻烧断损坏，如果电阻为0说明热敏电阻短路损坏。

图7-6　热敏电阻好坏检测

### 4）故障检测点4：滤波电容

当检测伺服驱动器变频电路中的滤波电容时，可以通过测量滤波电容的阻值来判断好坏，如图7-7所示。

将数字万用表调到蜂鸣挡，用万用表两表笔接检测电路中的电容器的两个引脚。如果测量的值为0，说明电容器损坏。

图7-7　滤波电容好坏检测

### 5）故障检测点5：IPM模块

检测IPM模块时，一般通过测量模块内部二极管是否损坏来简单判断IPM模块是否有问题。测量时，通过测量U、V、W引脚与P、N引脚间管电压，来判断模块是否损坏。检测方法如图7-8所示。

全彩图解 **电子元器件 + 变频电路检测与维修**

①在断电的情况下，首先将万用表调到二极管挡，将黑表笔接IPM模块P引脚，红表笔分别接U、V、W引脚，正常情况下测量的值应为0.45V左右，且各相大致相同。如果测量的值为无穷大，则IPM模块内部上桥三个IGBT有断路故障；如果测量的值为0，则IPM模块内部上桥三个IGBT有击穿短路或漏电故障。接下来对调红黑两表笔，即红表笔接P引脚，黑表笔分别接U、V、W引脚，反向测量，正常值应为无穷大。

②将红表笔接N引脚，黑表笔分别接U、V、W引脚测量逆变电路中下桥臂中元器件，正常值应为0.45V左右，且各相大致相同。如果测量的值为无穷大，则IPM模块内部下桥三个IGBT有断路故障；如果测量的值为0，则IPM模块内部下桥三个IGBT有击穿短路或漏电故障。接下来对调红黑两表笔，即黑表笔接伺服器的N引脚，红表笔分别接U、V、W引脚，反向测量，正常值应为无穷大。

图 7-8　检测 IPM 模块

#### 6）故障检测点 6：继电器

正常的伺服驱动器在开机上电时，会听见继电器吸合的声音，"啪哒"或"哐"的一声，如果没有声音，则说明继电器有问题。当检测继电器时，可以通过测量继电器线圈和触点的阻值来判断，如图 7-9 所示。

测量时，将数字万用表调到欧姆10k挡，红黑表笔接继电器输入端（线圈）两个引脚测量。正常阻值为几百欧姆，如果阻值为无穷大，说明线圈断路损坏，如果阻值为0，说明线圈短路损坏。常开触点在路测量时，阻值应为限流电阻的阻值。

图 7-9　检测继电器

### 7）故障检测点 7：光耦合器

当检测变频电路中的光耦合器时，可以通过测量其内部的发光二极管的管电压是否正常来判断是否损坏，如图 7-10 所示。

测量限流电路中的光耦合器时，将数字万用表调到二极管挡，红表笔接光耦合器的第1脚，黑表笔接第2脚测量。正常光耦合器内部发光二极管会有1V左右的管电压。如果管电压为无穷大或0，说明光耦合器损坏。

图 7-10 检测光耦合器好坏

## 7.3 ▶ 伺服驱动器中变频电路故障检修流程图

伺服驱动器的变频电路故障主要是整流电路故障、滤波电路故障、限流电路故障、IPM 模块电路故障、隔离电路故障、检测电路故障等故障引起的。对伺服驱动器变频电路故障的检测主要就围绕这些重点电路来进行。具体伺服驱动器变频电路故障检修流程图如图 7-11 所示。

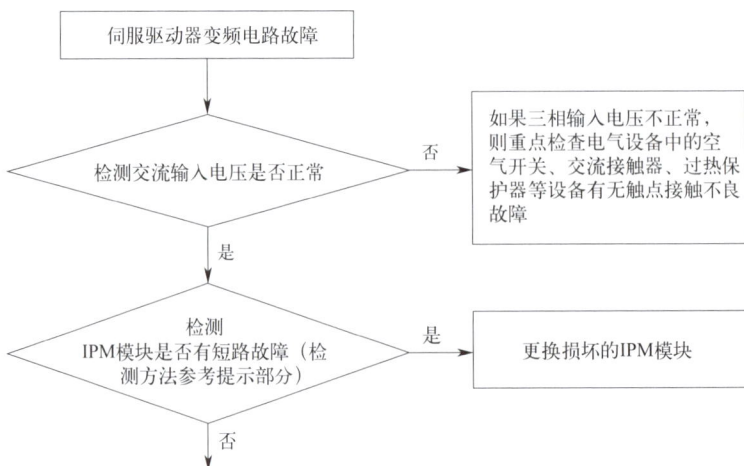

```
┌─────────────────────┐        否   ┌─────────────────────┐
│   检测整流电路       ├──────────→│  更换损坏的整流桥堆  │
│ 中的整流桥堆是否正常 │            └─────────────────────┘
└──────────┬──────────┘
           │ 是
┌──────────┴──────────┐        否   ┌─────────────────────┐
│     检测直流         ├──────────→│ 更换损坏的滤波电容    │
│ 滤波电路中的滤波电容和均         │ 和损坏的均压电阻      │
│ 压电阻是否正常       │           └─────────────────────┘
└──────────┬──────────┘
           │ 是
┌──────────┴──────────┐        否   ┌─────────────────────┐
│   检测限流电路       ├──────────→│ 更换损坏的热敏电阻和  │
│ 中的热敏电阻和继电器 │            │ 继电器               │
│   是否正常           │           └─────────────────────┘
└──────────┬──────────┘
           │ 是
┌──────────┴──────────┐        否   ┌─────────────────────┐
│     通电测量         ├──────────→│ 检查电压输入电路中的  │
│ 母线直流电压是否正常（单相       │ 保险管、安规电容、压敏│
│ 为310V或三相为537V） │           │ 电阻、电感等元器件，并│
└──────────┬──────────┘           │ 更换损坏的元器件      │
           │ 是                    └─────────────────────┘
┌──────────┴──────────┐        否   ┌─────────────────────┐
│       测量           ├──────────→│ 检查15V供电电路中稳压│
│ IPM模块15V供电电压   │            │ 器、二极管、滤波电容、电│
│     是否正常         │           │ 感等元器件，并更换损坏的│
└──────────┬──────────┘           │ 元器件               │
           │ 是                    └─────────────────────┘
┌──────────┴──────────┐        否   ┌─────────────────────┐
│   测量隔离电路       ├──────────→│ 重点检查隔离电路中的光耦│
│ 中的光耦合器、反相器、电         │ 合器、反相器和电阻等，并│
│ 阻器等元器件是否正常 │           │ 更换损坏的元器件      │
└──────────┬──────────┘           └─────────────────────┘
           │ 是
┌──────────┴──────────┐        否   ┌─────────────────────┐
│       检查           ├──────────→│ 更换损坏的电流检测电路中│
│ 电流检测电路中毫欧级采样电阻、    │ 的元器件             │
│ 运算放大器、光耦合器等元器件      └─────────────────────┘
│     是否正常         │
└──────────┬──────────┘
           │ 是
┌──────────┴──────────────────────┐
│ 如果以上步骤测量均正常，则可能是 │
│ 处理器（CPU）电路有问题，测量处 │
│ 理器（CPU）的供电电压、时钟信号 │
│ 等关键信号                       │
└─────────────────────────────────┘
```

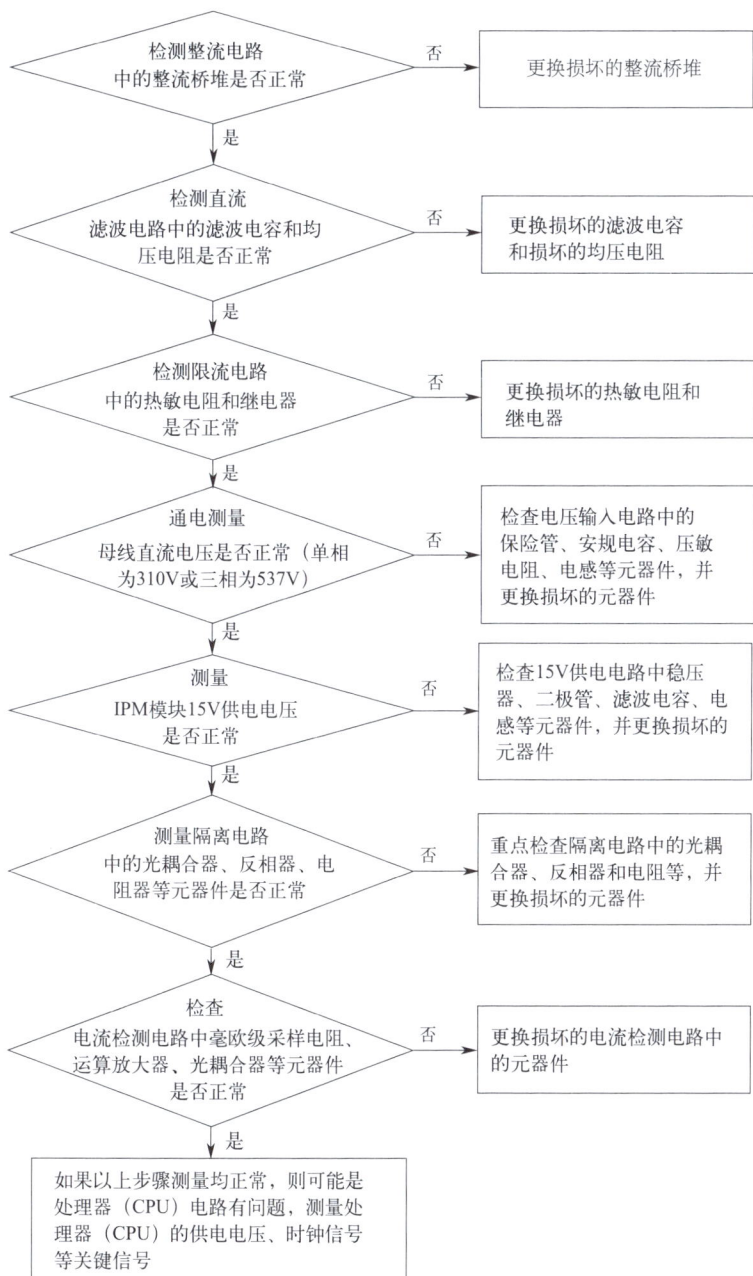

图 7-11　伺服驱动器变频电路故障检修流程图

**提示**　IPM 模块检测方法如下：

先将数字万用表调到二极管挡，红表笔接直流母线的负极，即 N 端子（或 一端子），黑表笔分别接 U、V、W 三个端子，测量三次，测量的值都为 0.46V，说明逆变电路中下臂的三个变频元器件都正常。

将黑表笔接直流母线的正极，即 P 端子（或 + 端子），红表笔分别接 U、V、W 三个端子，测量三次，测量的值都为无穷大（正常也应为 0.46V），说明逆变电路上臂变频元器件可能有问题。

# 7.4 快速诊断伺服驱动器变频电路故障

伺服驱动器的变频电路是大电流通过的电路，变频电路中的 IPM 模块、整流桥堆等元器件一般功率大，发热量大，而且工作在高电压、大电流的环境下，特别容易出现损坏。伺服驱动器变频电路一旦出现故障，就会导致伺服驱动器输出电压为 0 或不正常，影响正常的工作。下面本节将重点讲解伺服驱动器变频电路故障现象、原因分析及故障维修方法。

### 7.4.1　变频电路常见故障总结

#### 1）变频电路常见故障现象

变频电路常见故障现象如下。
① 伺服驱动器三相输入电压不平衡。
② 伺服驱动器三相输入电压缺相（三相电压缺一相或都为 0）。
③ 伺服驱动器无法开机，指示灯不亮。
④ 伺服驱动器无法开机，指示灯亮。
⑤ 伺服驱动器欠电压报警。
⑥ 伺服驱动器无法启动，显示错误报警。
⑦ 伺服驱动器上电后显示过电流故障报警代码。
⑧ 伺服驱动器上电后显示过电压故障报警代码。
⑨ 伺服驱动器上电后，输出端子无电压输出，但没有报错误代码。

#### 2）造成变频电路故障的原因分析

造成变频电路故障的原因如下。
① 电压输入端子接触不良。
② 整流电路中的整流桥堆损坏。
③ 限流电路中的限流电阻损坏。
④ 限流电路中的继电器损坏。
⑤ 限流电路中的光耦合器损坏。

⑥ 直流滤波电路中的滤波电容损坏。

⑦ 直流滤波电路中的均压电阻损坏。

⑧ IPM 模块供电不正常。

⑨ IPM 模块损坏。

⑩ 隔离电路中的光耦合器损坏。

⑪ 隔离电路中的反相器损坏。

⑫ 隔离电路中的电阻器损坏。

⑬ 隔离电路中的电容器损坏。

### 7.4.2　快速诊断伺服驱动器整流电路故障

当伺服驱动器的整流电路出现故障时，一般会表现为：伺服驱动器输入电路出现了三相不平衡、缺相（三相电压缺一相或都为 0）、欠电压报警跳闸，伺服驱动器不能开机启动等故障。

在检测整流电路时，可以通过检测伺服驱动器整流电路中的整流桥堆是否正常来判断。整流桥堆的内部包含 4 个或 6 个整流二极管，可以通过测量整流桥堆内部二极管压降来判断其好坏。测量整流桥堆的方法如图 7-12 所示。

① 对于单相整流桥堆，测量时先将万用表调到二极挡，将红表笔接整流桥堆的第4脚（负极），黑表笔分别接第2脚和第3脚，测量两个压降值；再将黑表笔接第1脚（正极），红表笔分别接第2脚和第3脚，再次测量两个压降值。如果4次测量的压降值都在0.5~1V范围内，说明整流桥堆正常，有一组值不正常，则整流桥堆损坏。

② 对于三相整流桥堆，测量时将红表笔接整流桥堆的第5脚（负极），黑表笔分别接第2脚、第3脚和第4脚，测量压降值；再将黑表笔接第1脚（正极），红表笔分别接第2脚、第3脚和第4脚，再次测量压降值。如果6次测量的压降值都在0.5~1V范围内，说明整流桥堆正常，有一组值不正常，则整流桥堆损坏。

图 7-12　检测整流桥堆

### 7.4.3 快速诊断伺服驱动器限流电路故障

伺服驱动器中的限流电路重要的元器件主要包括限流电阻、继电器、光耦合器等，一般这几个部件出现故障的概率较高。

限流电路故障维修方法如下。

第1步：限流电路中的限流电阻开路损坏是最常见的故障。由于限流电阻要在短时间内承受大电流的冲击，使用时间长了容易被烧断。一般伺服驱动器限流电阻采用阻值为 10Ω 左右的热敏电阻（具体阻值查看热敏电阻标注），检测时先用万用表测量限流电阻的阻值，如图 7-13 所示。

测量时，先将数字万用表挡位调到200欧姆挡，然后两只表笔接热敏电阻的两个引脚测量阻值。如果测量的阻值为无穷大，说明热敏电阻烧断损坏，如果阻值为0，说明热敏电阻短路损坏。

图 7-13　测量限流电阻

第2步：在伺服驱动器开机上电时，仔细听有无 "啪哒"或"咝"等继电器吸合的声音。如果没有声音，则需要检查继电器线圈故障，如图 7-14 所示。

测量继电器的引脚，将数字万用表调到欧姆4k挡，红、黑表笔接继电器输入端（线圈）两个引脚测量阻值。正常阻值为几百欧姆，如果阻值为无穷大，说明线圈断路损坏，如果阻值为0，说明线圈短路损坏。常开触点在路测量时，阻值应为限流电阻的阻值。

图 7-14　测量继电器线圈

第3步：如果继电器正常，接下来测量继电器控制电路中的光耦合器、二极管等元器件是否正常，再通电检测继电器线圈的 15V 供电电压是否正常，如图 7-15 所示。

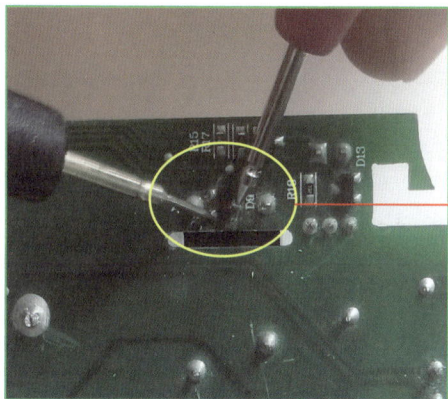

①将数字万用表调到二极管挡，红黑表笔分别接二极管的正负极，测量其管电压。正常会有0.4~0.6V的管电压，如果管电压为无穷大或0，说明二极管损坏。

②接着将红黑表笔分别接光耦合器的第1和第2脚，测量管电压。正常光耦合器内部发光二极管会有1V左右的管电压，如果管电压为无穷大或0，说明光耦合器损坏。

③接下来将万用表调到直流电压20V挡，红表笔接继电器线圈供电脚，黑表笔接地，测量继电器线圈供电电压（正常为15V）。如果电压不正常，检测供电线路中元器件。

图 7-15　测量继电器控制电路中元器件和继电器线圈的供电电压

### 7.4.4　快速诊断伺服驱动器 IPM 模块电路故障

#### 1）IPM 模块电路故障分析判断方法

伺服驱动器的 IPM 模块电路通常处在高电压、高电流、高温的工作环境中，而且一端连接主电路中的滤波电路，一端连接负载电动机，同时还接收 CPU 发来的控制信号，因此很容易出现故障，当滤波电路或控制电路等出现故障后，也会牵连 IPM 模块电路，导致其损坏。IPM 模块电路常见的故障分析如图 7-16 所示。

①IPM模块短路烧坏。隔离电路的元件有问题，如电容漏液、击穿、光耦老化，会导致IPM模块烧坏或输出电压不平衡。

②IPM模块击穿损坏。IPM在关断时，由于逆变电路中存在电感成分，关断瞬间会产生尖峰电压，如果尖峰电压超过IPM器件的最高峰值电压，将造成IPM击穿损坏。

③IPM模块过热损坏。当IPM模块的结温超过芯片的最大温度限定时就会引起IPM模块过热，当超过最大温度值时，就可能引起IPM模块损坏。对于过热故障，通过把散热器加大或者更换好的散热片，涂敷导热胶，强迫风扇冷却，设置过温保护，或把负载运行速度降低等方法来处理。

图 7-16　IPM 模块常见的故障分析

### 2）IPM 模块电路故障维修方法

检修 IPM 模块电路时，一般在通电检查前先判断 IPM 模块内部元器件是否有损坏。通过测量伺服驱动器的 U、V、W 端子与 P（＋）、N（－）端子间管电压，来判断 IPM 模块中元器件是否损坏。

IPM 模块电路的检测方法如下。

第 1 步：检查伺服驱动器的电源电路板上有无锁轴继电器，如果有，那么继电器会将 U、V、W 三个输出端连接起来，这样伺服电动机的主轴就会被锁死无法转动。在这种情况下，我们无法准确测量伺服驱动器的 U、V、W 端子与 P（＋）、N（－）端子间管电压。因此测量前要将锁轴继电器拆下，如图 7-17 所示。

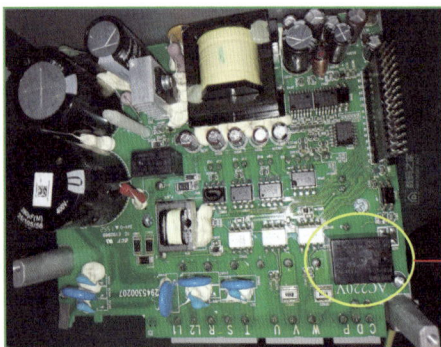

①在电路板上找到锁轴继电器。锁轴继电器是指伺服器在异常情况发生时或者伺服器断电停止工作时，能够使伺服电动机瞬间停止转动，起到保护作用的元器件（提示：当把伺服电动机的U、V、W三根电源线短接后，伺服电动机的主轴会锁死不动）。

②在电路板背面，用电烙铁和吸锡器拆下锁轴继电器。

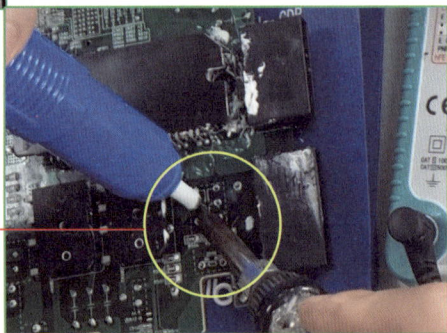

图 7-17　拆下锁轴继电器

第 2 步：在断电的情况下，测量 IPM 模块内部下桥臂的三个 IGBT 是否正常，如图 7-18 所示。

①测量时先将万用表的挡位调至二极管挡，然后将红表笔接伺服器的N（－）端子，黑表笔分别接伺服器的U、V、W端子测量IPM模块内部下桥臂中三个IGBT，正常值应为0.45V左右，且各相大致相同。

②如果测量的值为无穷大，则IPM模块内部下桥三个IGBT有断路故障；如果测量的值为0，则IPM模块内部下桥三个IGBT有击穿短路或漏电故障。

③对调红黑两表笔，即黑表笔接伺服器的N（－）端子，红表笔分别接伺服器的U、V、W端子，反向测量，正常值应为无穷大。

④如果测量的值为0或很小，则IPM模块内部下桥三个IGBT有短路故障。

图 7-18 测量 IPM 模块中下桥臂的 IGBT

第 3 步：测量 IPM 模块内部的 IGBT 是否正常，如图 7-19 所示。

①测量时先将万用表的挡位调二极管挡，然后将万用表的黑表笔接P（＋）端子，红表笔分别接U、V、W端子测量IPM模块内部上桥臂中三个IGBT，正常值应为0.45V左右，且各相大致相同。

②如果测量的值为无穷大，则IPM模块内部上桥三个IGBT有断路故障；如果测量的值为0，则IPM模块内部上桥三个IGBT有击穿短路或漏电故障。

图 7-19

③对调红黑两表笔，即红表笔接伺服器的P（+）端子，黑表笔分别接伺服器的U、V、W端子，反向测量，正常值应为无穷大。

④如果测量的值为0或很小，则IPM模块内部下桥三个IGBT有短路故障。

图 7-19　测量 IPM 模块中的 IGBT

第 4 步：在 IPM 模块没有击穿或漏电损坏，且检测整流滤波电路和隔离电路均正常的情况下，才可以通电检测 IPM 模块。一般三相伺服驱动器的供电电压为 450 ～ 537V 直流电压，单相变频器的供电电压为 310V 左右直流电压。测量方法如图 7-20 所示。

①测量时，将万用表的挡位调到直流750V挡，然后带电测量接线端子中的P（+）端子和N（-）端子间的电压（这两个端子就是逆变电路中P、N两个引脚）。

②如果测量的供电电压正常，则故障是逆变电路引起的；如果供电电压不正常，则故障是整流电路或中间电路问题引起的。

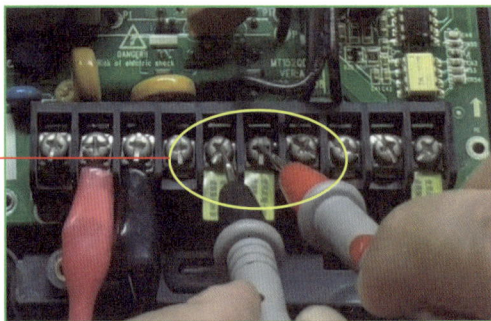

图 7-20　测量逆变电路供电电压

> **提示**　如果想触发 IPM 模块需要先给其供电，因为其内部的驱动电路获得供电之后，其触发脉冲才有效，所以在测量 IPM 模块时，需要先为 IPM 模块的上桥IGBT 和下桥 IGBT 加上供电电压。测量时，可以在开关电源电路找到开关变压器 15V 电压输出端连接的滤波电容，然后给此滤波电容供 15V 电压即可（一般 IPM 模块的供电电压为 15V）。

### 7.4.5　快速诊断伺服驱动器电流检测电路故障

在测量伺服驱动器的电流／电压检测电路时，可以通过测量电流／电压检测电路的供电电压、输出信号等方法来检测电流／电压检测电路故障。

**1）通过检测供电电压判断电流 / 电压检测电路的好坏**

电流 / 电压检测电路故障中有很大一部分是供电电压异常引起的，如果测量出电流 / 电压检测电路的供电电压异常，就可以通过检测供电电路中的元器件来找到故障原因。通过检测供电电压判断好坏的方法如下。

第 1 步：检测电流 / 电压检测电路中的供电电路有无短路或断路问题，如图 7-21 和图 7-22 所示。

先将数字万用表调到二极管挡，然后将红表笔接光耦合器信号输入侧的接地脚（如A7860的第4脚），黑表笔接输入侧供电引脚（如A7860的第1脚），测量供电电路是否正常。如果测量的值为0.5V左右，则测量的供电电路正常；如果测量值为0，则说明供电电路有元器件发生短路故障；如果测量值为无穷大，则说明供电电路有元器件发生断路故障。

图 7-21　检测供电电路有无短路故障

将万用表的红表笔接光耦合器信号输出侧的接地脚（如A7860的第5脚），黑表笔接输入供电引脚（如A7860的第8脚），测量供电电路是否正常。如果测量的值为0.2V左右，则测量的供电电路正常；如果测量值为0，则说明供电电路有元器件发生短路故障；如果测量值为无穷大，则说明供电电路有元器件发生断路故障。运算放大器测量方法相同。

图 7-22　继续检测供电电路

第 2 步：在检测完供电电路是否有短路等故障后，接着检测光耦合器或运算放大器的供电电压是否正常，如图 7-23 所示。

给电源电路板接500V直流电压（要先确保IPM模块电路没有短路故障），将万用表调到直流电压200V挡，然后将红表笔接光耦合器或运算放大器的供电引脚（如A7860的第8脚），黑表笔接地，测量供电电压是否正常（正常为15V或5V左右）。若供电电压不正常，就检查供电电路中的电阻、电容等元器件。

图 7-23　检测光耦合器或运算放大器供电电压

### 2）通过测量输入输出端阻值判断好坏

通过测量电流检测电路输入端和输出端的阻值，同样可以判断电路是否有问题。测量方法如下。

第 1 步：检测输入侧电路有无短路的元器件，如图 7-24 所示。

将万用表调到欧姆200k挡，然后将两表笔分别接光耦合器的输入端和U、V、W电压输出端，测量其阻值。测量的阻值与同型号的正常电路板的阻值来比较。如果阻值为0，则说明输入侧电路中有短路的元器件；如果阻值不正常，说明输入侧电路中有损坏的电阻、电容等元器件，重点检测这些元器件。

图 7-24　检测输入侧电路有无短路的元器件

第 2 步：检测输出侧电路中有无短路的元器件，如图 7-25 所示。

将万用表两表笔分别接光耦合器的输出端和运算放大器输入端，测量其阻值。测量的阻值与测量同型号的正常电路板的阻值来比较。如果阻值为0，则说明输出侧电路中有短路的元器件；如果阻值不正常，说明输出侧电路中有损坏的电阻、电容等元器件，重点检测这些元器件。

图 7-25　检测输出侧电路有无元器件损坏

### 3）通过测量电路中元器件判断好坏

由于伺服驱动器的电路板工作于高温、高电压、高电流的环境，有些还处于高湿的环境，这样的工作环境很容易造成电路板上的元器件性能下降，或直接损坏，因此在电流检测电路出现故障后，可以采用测量电路中元器件的方法，来找到损坏的元器件，进而排除故障。

通过测量电路中元器件判断好坏如图 7-26 所示。

第1步：将数字万用表挡位调到蜂鸣挡，然后测量电流检测电路中的贴片电容，看有无出现短路的情况。

第2步：将万用表调到合适的欧姆挡（根据所测电阻阻值调整），然后测量电路中的电阻阻值是否正常，如果阻值无穷大、偏小或为0，直接更换即可。

第3步：将数字万用表调到二极管挡，测量电路中二极管的管电压是否正常。如果管电压为0或无穷大，则二极管损坏。

第4步：测量光耦合器时，可以单独给光耦合器的供电脚提供5V供电电压，让光耦合器单独工作。将可调直流稳压电源的电压调到5V，然后将红表笔接光耦合器的供电脚（如A7860的第1脚），黑表笔接接地脚（如A7860的第4脚），给光耦合器供电。

第5步：用手触摸光耦合器芯片，如果芯片很热，说明光耦合器内部短路损坏，正常的光耦合器芯片应该温度较低。

图 7-26　通过测量电路中元器件判断好坏

### 7.4.6　快速诊断伺服驱动器中变频电路综合故障

在维修伺服驱动器变频电路时，一般先根据故障现象判断大致的故障原因，然后再检查一下整流电路和 IPM 模块是否有短路问题，以及一些关键元器件是否有短路问题，之后再检测引起故障的单元电路中的易坏元器件，最后通电测量一些关键点电压，以找出故障点，排除故障。

下面本小节将详细讲解伺服驱动器变频电路综合故障维修方法。

第 1 步：在通电检测前，首先要先检测 IPM 模块是否有短路问题，如图 7-27 所示。

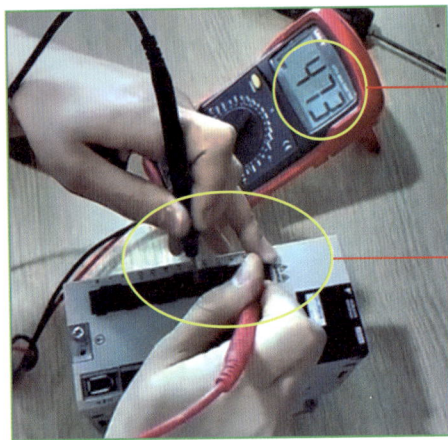

①将万用表调到二极管挡，将红表笔接直流母线的负极，即N端子（或−端子），黑表笔分别接U、V、W三个端子，测量三次，测量的值都约为0.47V，说明逆变电路中下臂的三个IGBT都正常。
②然后将黑表笔接直流母线的正极，即P端子（或+端子），红表笔分别接U、V、W三个端子，测量三次，测量的值也都约为0.47V，说明逆变电路上臂三个IGBT都正常。如果测量值为0或无穷大，说明IPM模块损坏需要更换。

图 7-27　检测 IPM 模块

①观察电路板是否被摔过，导致板角发生变形。观察芯片的插座，看是否存在因没有专用工具，而被强制撬坏的。观察电路板上的芯片，若是带插座的，首先观察芯片是否被插错，这主要是防止操作者维修电路板时将芯片的位置或方向插错。如果插错，当给电路板通电时，有可能会烧坏芯片，造成不必要的损失。如果电路板上带有短接端子的，观察短接端子是否被插错。

②观察电路板上的元器件有没有被烧坏的。比如IPM模块、滤波电容、电阻、二极管、集成芯片有没有鼓包、裂口、烧糊、发黑的情况。观察电路板上的走线有没有起皮、烧糊断路的情况。如果有上述故障，根据损坏的元器件所在电路，查找它的上级电路，一步一步向上推导，找出故障发生的原因，并更换损坏的元器件。

图 7-28　检查电路板中元器件

第 2 步：拆下伺服驱动器的变频电路板，对其外观进行仔细观察，看是否有损坏的元器件，如图 7-28 所示。

第 3 步：对于无明显烧坏或损坏的变频电路板，先检测整流电路中的整流桥堆是否有短路故障，如图 7-29 所示。

第 4 步：检测变频电路板中的滤波电容是否有短路故障，如图 7-30 所示。

①将数字万用表调到二极管挡，测量时将红表笔接三相整流桥堆的第5脚（负极），黑表笔分别接第2、3、4脚，测量三个压降值。
②再将黑表笔接第1脚（正极），红表笔分别接第2、3、4脚，再次测量三个压降值。如果6次测量的压降值都在0.5V左右，说明整流桥堆正常，有一组电压值不正常（为0或无穷大），则整流桥堆损坏。

图 7-29　测量整流桥堆

①用数字万用表的蜂鸣挡（或指针万用表的R×1k挡）在路测量。
②对电容器进行放电（在两个引脚间串接一个阻值大的电阻器），然后将万用表的两只表笔接滤波电容器的两个引脚进行测量。
③如果测量的阻值为0，说明滤波电容被击穿损坏。
④如果阻值不断变化，最后变成无穷大，说明滤波电容基本正常。如果想准确判断电容器好坏，可以拆下电容器测量其电容量。

图 7-30　测量滤波电容

第 5 步：在以上检查均正常的情况下，准备通电检查变频电路板中的关键电压信号及波形。先测量直流母线供电电压，一般三相伺服驱动器的供电电压为450~537V 直流电压，单相变频器的供电电压为 310V 左右直流电压。测量方法如图 7-31 所示。

第 6 步：如果直流母线电压不正常，检测滤波电路中的均压电阻是否损坏，限流电路中的热敏电阻和继电器是否有故障，如图 7-32 所示。

第7步：如果直流母线电压正常，测量IPM模块的15V工作电压是否正常，如图7-33所示。

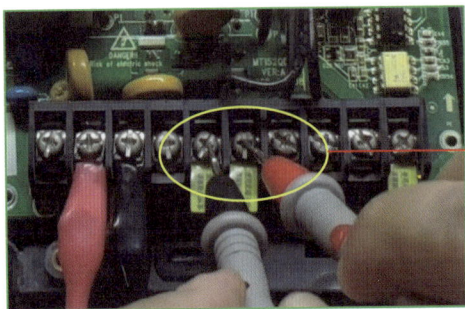

①测量时，先给电路板接上供电电源，然后将万用表的挡位调到直流电压750V挡，红黑表笔分别接P（+）端子和N（-）端子，测量直流母线电压。
②如果测量的供电电压正常，则故障是IPM模块、隔离电路、电流检测电路引起的；如果供电电压不正常，则故障是整流电路或限流电路问题引起的。

图7-31　测量直流母线供电电压

①将数字万用表挡位调到200欧姆挡，然后两表笔接热敏电阻的两个引脚测量阻值（一般为10Ω左右）。如果测量的阻值为无穷大，说明热敏电阻烧断损坏，如果阻值为0，说明热敏电阻短路损坏。
②对于均压电阻，根据其标称阻值选择适当的欧姆挡量程测量其阻值。如果测量的阻值与标称阻值相差较大，说明损坏。
③对于继电器，用万用表4k欧姆挡，红黑表笔接继电器输入端（线圈）两个引脚测量。正常阻值为几百欧姆，否则说明继电器线圈损坏。

图7-32　测量热敏电阻、均压电阻、继电器

①测量时，先给电路板接上供电电源，然后将万用表的挡位调到直流电压200V挡，红表笔接IPM模块的15V供电电压脚VP1，黑表笔接接地脚VPC，测量15V供电电压。
②如果测量的供电电压不正常，则检查15V电压供电电路中的稳压器、滤波电容、二极管、电感等元器件。

图7-33　测量IPM模块的15V工作电压

第 8 步：如果 IPM 模块的 15V 工作电压正常，检测隔离电路中的光耦合器，电流检测电路中的毫欧级采样电阻、光耦合器等元器件，如图 7-34 所示。

①将万用表调到二极管挡，红黑表笔分别接光耦合器信号输入端测量其内部光电二极管的管电压，正常会有1V左右的管电压。测量毫欧级电阻时将万用表调到蜂鸣挡直接测量其阻值，看其是否短路或断路损坏。
②如果测量后有损坏的元器件，直接更换；如果测量的元器件均正常，则可能是IPM模块损坏。

图 7-34　检测隔离电路和电流检测电路

第 9 步：如果以上步骤测量均正常，则可能是处理器（CPU）电路有问题，测量处理器（CPU）的供电电压、时钟信号等关键信号，如图 7-35 所示。

将万用表调到直流电压20V挡，红表笔接处理器（CPU）的供电引脚或供电电路中稳压器输出脚，黑表笔接地或稳压器的GND脚，测量供电电压（一般为3.3V或1.8V）。如果电压不正常，检查供电电路中的稳压器、滤波电容等元器件。

图 7-35　测量处理器（CPU）的供电电压

## 7.5　伺服驱动器变频电路故障维修实战

变频电路的故障率很高，伺服驱动器的变频电路故障通常会引起伺服驱动器不上电、无输出、上电无反应等故障。下面本节将通过一些维修实战案例总结一些伺服驱动器变频电路故障的维修经验。

### 7.5.1　伺服驱动器开机指示灯不亮故障维修实战

客户送来一台西门子伺服驱动器，反映这台伺服驱动器开机后指示灯不亮，显示"230005"故障代码。经查此故障代码表示功率单元过载。根据经验,此故障可能是电源部分有损坏的元器件。

伺服驱动器开机显示故障代码故障维修方法如下。

第1步:拆开伺服驱动器外壳检查一下内部电路的情况,如图7-36所示。

先拧开外壳的固定螺钉,拆开伺服器外壳和电路板。接着检查电源电路板正面的元器件,未发现明显烧坏或损坏的元器件。

图7-36 检查内部电路板中的元器件

第2步:检测IGBT模块是否正常,如图7-37所示。

将万用表调到二极管挡,然后黑表笔接直流母线的正极,红表笔分别接电路板IGBT模块的U、V、W的输出脚,测量管电压。测量的电压值均为0,说明IGBT模块内部短路损坏。

图7-37 检测IGBT模块

第3步:拆下电源电路板检查电路板,如图7-38所示。

先拆下电源电路板,拧下IGBT模块的固定螺钉,拆下IGBT模块上盖。接着检查电源电路板背面的元器件,未发现明显烧坏的元器件。

图7-38 检查电源电路板

全彩图解 **电子元器件 + 变频电路检测与维修**

第4步：测量开关变压器的引脚，如图7-39所示。

将万用表调到蜂鸣挡，然后两表笔接开关变压器的引脚进行测量，发现右边的开关变压器内部发生断路损坏。

图7-39　测量开关变压器

第5步：用电烙铁拆下损坏的开关变压器。拆下之后，再次用万用表测量其引脚间阻值，如图7-40所示。

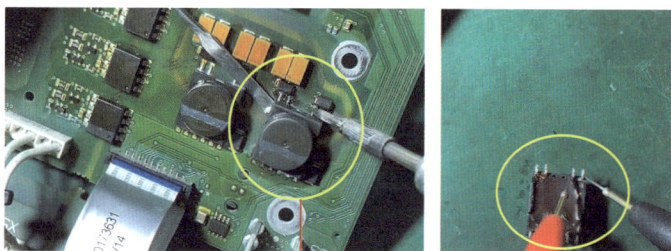

先用电烙铁拆下损坏的开关变压器，然后将万用表调到蜂鸣挡，测量开关变压器引脚间的阻值。测量的阻值为无穷大，说明开关变压器内部绕组断路损坏。

图7-40　拆下并测量故障开关变压器

第6步：测量IGBT模块，如图7-41所示。

将万用表调到二极管挡，测量IGBT模块引脚中IGBT的引脚间的管电压。测量的电压值为0.985V（正常为0.4~0.6V），说明IGBT模块内部有损坏。

图7-41　测量IGBT模块

第7步：由于IGBT模块损坏，通常其驱动电路损坏的概率也较大，接着测量驱动电路，如图7-42所示。

将万用表调到蜂鸣挡，然后测量驱动电路中的电阻、电容、二极管、电感等元器件。未发现驱动电路中有损坏的元器件。

图 7-42　测量驱动电路

第 8 步：用同型号的开关变压器更换损坏的开关变压器，然后更换损坏的 IGBT 模块，如图 7-43 所示。

用电烙铁将新的开关变压器焊接到电路板，接着再将新的 IGBT 模块涂抹硅脂后安装到电路板，并固定好。

图 7-43　更换开关变压器和 IGBT 模块

第 9 步：更换完损坏的元器件后，将电源电路板安装好，然后进行通电测试，如图 7-44 所示。

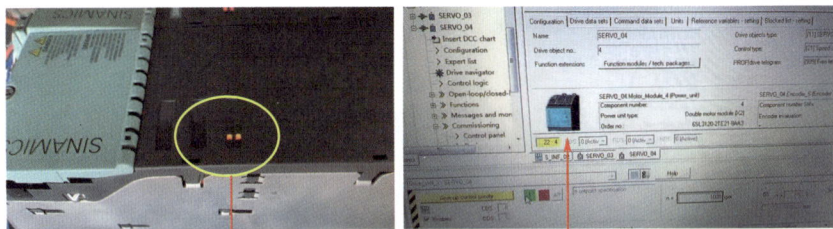

通电启动，电源指示灯点亮。然后打开控制程序，使能过后运行正常，未报错误。接着连接上电动机测试，可以正常控制电动机运转，伺服驱动器故障排除。

图 7-44　测试伺服驱动器

### 7.5.2　伺服驱动器显示"CE2"错误代码故障维修实战

一台蒙德伺服驱动器，客户反映这台伺服驱动器无法正常工作。经检查，发现这台伺服驱动器显示"CE2"故障代码。经查故障代码表示电流互感器故障。根据故障代码，可能是电流检测电路有损坏的元器件或电源电路板有故障。

伺服驱动器"CE2"故障代码故障维修方法如下。

第1步：用万用表检测伺服驱动器的IPM模块是否有短路故障，如图7-45所示。

首先将万用表调到二极管挡，然后黑表笔接P端子，红表笔分别接U、V、W端子，测量值均正常（0.46V左右）；然后红表笔接N端子，黑表笔分别接U、V、W端子，测量值均正常（0.46V左右），说明IPM模块没发生短路故障。接着给伺服驱动器接上电源线，开机后观察到显示屏显示"CE2"错误代码。

图7-45 检测伺服驱动器IPM模块

第2步：断开伺服驱动器电源线，然后拆下伺服驱动器的电源电路板，如图7-46所示。

查询厂家错误代码表，了解到"CE2"代码表示电流互感器自检有问题，具体为W相电流互感器异常。接下来拆下伺服驱动器的电源电路板，准备检测。

图7-46 拆卸伺服驱动器

第3步：单独给电源电路板通电测量U相电流互感器输出电压，如图7-47所示。

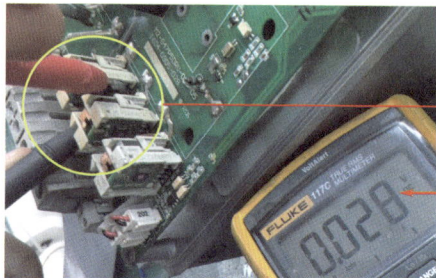

将万用表挡位调到直流电压20V挡，然后红表笔接电流互感器的供电引脚，黑表笔接地，测量电流互感器的±15V供电电压，供电电压均正常。然后红表笔接U相电流互感器输出端，黑表笔接地，测量输出端电压。测量值为0.028V，输出电压正常。

图7-47 测量U相电流互感器

第 4 步：测量 V 相电流互感器输出电压，如图 7-48 所示。

红表笔接 V 相电流互感器输出端，黑表笔接地，测量 V 相电流互感器输出电压。测量值为 0.032V，输出电压也正常。

图 7-48　测量 V 相电流互感器

第 5 步：测量 W 相电流互感器输出端电压，如图 7-49 所示。

红表笔接 W 相电流互感器输出端，黑表笔接地，测量 W 相电流互感器输出电压。测量值为 1.972V，输出电压不正常。

图 7-49　测量 W 相电流互感器

第 6 步：怀疑 W 相电流互感器损坏，更换 W 相电流互感器，如图 7-50 所示。

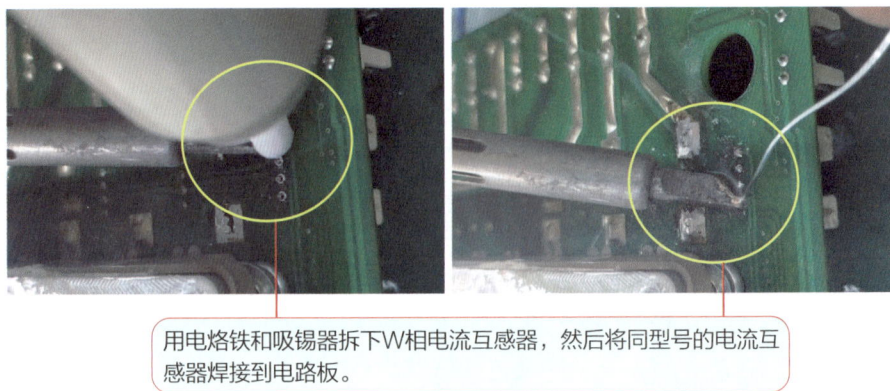

用电烙铁和吸锡器拆下 W 相电流互感器，然后将同型号的电流互感器焊接到电路板。

图 7-50　更换损坏的电流互感器

第7步: 再次给电路板通电, 测量 W 相电流互感器输出电压, 如图 7-51 所示。

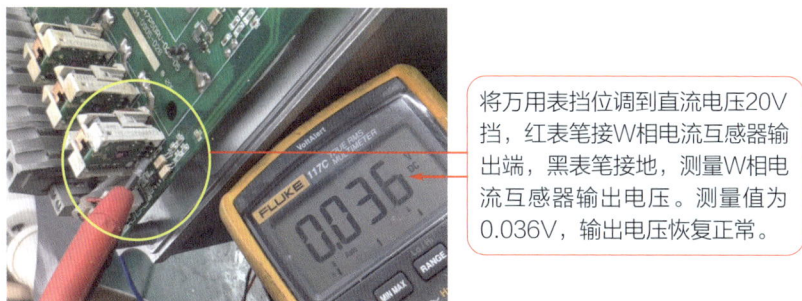

将万用表挡位调到直流电压20V挡, 红表笔接W相电流互感器输出端, 黑表笔接地, 测量W相电流互感器输出电压。测量值为0.036V, 输出电压恢复正常。

图 7-51　测量 W 相电流互感器

第8步: 将电源电路板安装回伺服驱动器, 然后给伺服驱动器连接电源线, 开机测试, 如图 7-52 所示。

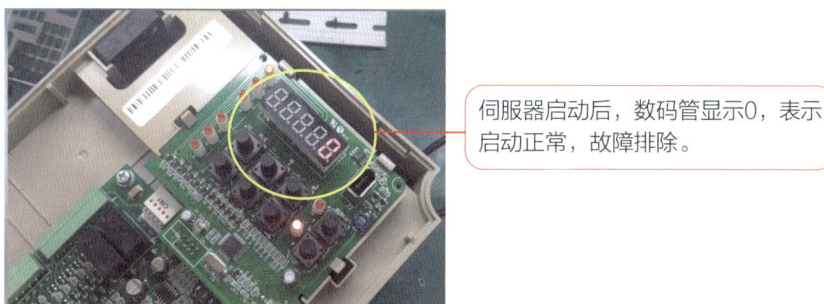

伺服器启动后, 数码管显示0, 表示启动正常, 故障排除。

图 7-52　开机测试伺服驱动器

### 7.5.3　安川伺服驱动器显示"b33"错误代码故障维修实战

客户送来一台安川伺服驱动器, 反映这台伺服驱动器无法正常启动, 显示"b33"故障代码。经查此故障代码表示电流检测电路方面有故障。根据经验, 此故障可能是电流检测电路中有损坏的元器件, 或有断线等故障。

伺服驱动器开机显示"b33"故障代码故障维修方法如下。

第1步: 用数字万用表的二极管挡检测伺服驱动器的 IPM 模块, 如图 7-53 所示。

第2步: 拆开伺服驱动器外壳准备进一步检测, 如图 7-54 所示。

第3步: 用数字万用表蜂鸣挡测量 IPM 模块驱动信号输入引脚间的阻值, 未发现阻值为 0 或很小的情况, 说明驱动电路没有短路故障。如图 7-55 所示。

第4步: 用数字万用表二极管挡测量整流桥堆引脚的管电压, 如图 7-56

所示。

第 5 步：给伺服驱动器接上电源，然后开机，伺服驱动器显示"b33"故障代码。然后拆下电源电路板，继续测量电流检测电路中的光耦合器，如图 7-57 所示。

第 6 步：用电烙铁将电路板中断线的线路焊接好，焊接好后再次测量，线路恢复正常，如图 7-58 所示。

第 7 步：将电路板装回伺服驱动器，装好后，将电源线连接到伺服驱动器，并连接一个测试用的伺服电动机，如图 7-59 所示。

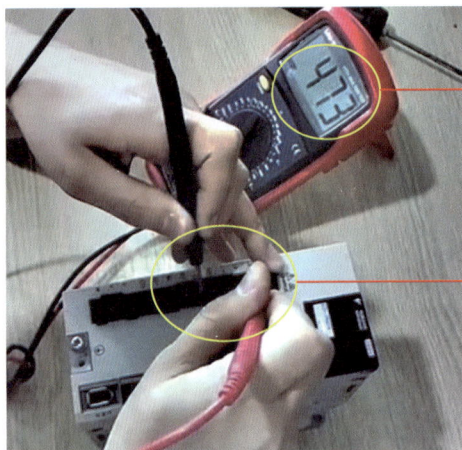

将黑表笔接P端口，红表笔分别接U、V、W端口，发现测量值均正常（测量值为0.473V左右）。然后将红表笔接N端口，黑表笔分别接U、V、W端口，发现测量值也正常（测量值为0.471V左右），说明伺服驱动器的IPM模块中没有短路故障。

图 7-53　测量伺服驱动器中 IPM 模块

先检查电路板中有无明显烧黑、鼓包、漏液、断裂等损坏的元器件。经检查，未发现明显损坏的元器件。

图 7-54　检查电路板中有无明显损坏的元器件

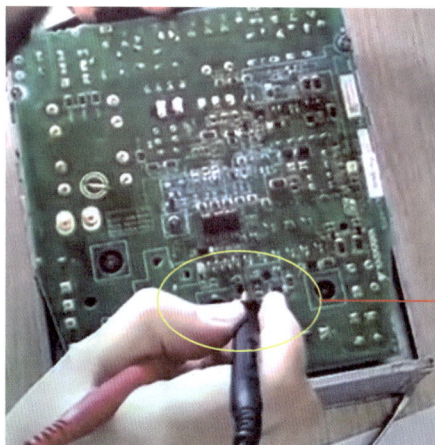

测量IPM模块中驱动信号输入引脚间的阻值。

图 7-55　测量 IPM 模块中驱动信号输入引脚间的阻值

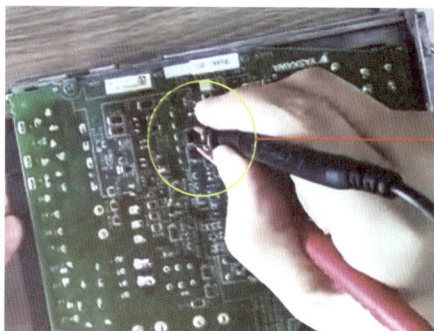

将两表笔分别接输入引脚测量，测得的管电压为0.82V，管电压正常。之后再测量整流桥堆的输出引脚，测得的管电压为0.83V，管电压均正常，说明整流桥堆正常。同时检测开关管等主要元器件均正常。

图 7-56　测量整流桥堆的好坏

将数字万用表调到二极管挡，然后将红表笔接光耦合器信号输入侧的接地脚（第4脚），黑表笔接输入侧供电引脚（第1脚），测得的值为0.52V，光耦合器正常。接着再测量光耦合器输入端信号线路，发现有一处断线问题。

图 7-57　测量光耦合器

焊接断线

图 7-58　焊接电路板上的断线

开机测试，观察到伺服器可以正常开机，并驱动电动机运转，说明伺服器恢复正常，故障排除。

图 7-59　测试伺服驱动器

### 7.5.4　伺服驱动器上电无显示故障维修实战

　　客户送来一台广州数控的伺服驱动器，反映这台伺服驱动器通电无显示。通常伺服驱动器无显示故障可能是开关电源电路故障引起，但也可能是主电路故障引起，需要逐步排查故障。

　　伺服驱动器开机无显示故障维修方法如下。

　　第1步：对于这种故障，我们要在通电检测前，先用万用表检测一下整流电路和IPM模块是否有问题，防止通电后造成伺服驱动器电路二次损坏，如图 7-60 所示。

　　第2步：拆开伺服驱动器的外壳，由于此故障多是开关电源电路问题引起的，因此先检查电源电路板中的开关电源电路，如图 7-61 所示。

第 3 步：在检查开关电源电路过程中发现此开关电源电路采用了故障率较高的芯片，根据维修经验，重点检查此芯片，如图 7-62 所示。

第 4 步：用同型号的 TOP255 芯片更换损坏的芯片，将伺服驱动器电路接上电源，然后开机测试，如图 7-63 所示。

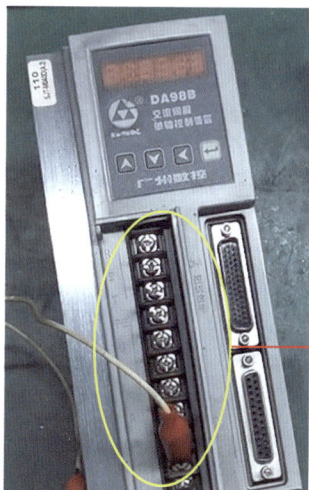

①将数字万用表调到二极管挡，将红表笔接直流母线的负极（N），黑表笔分别接R、S、T三个端子，测量三次，测量的值都为0.49V。接着再将黑表笔接直流母线的正极，红表笔分别接R、S、T三个端子，测量三次，测量的值也都是0.49V，说明整流电路中的整流二极管都正常。②将红表笔接直流母线的负极，黑表笔分别接U、V、W三个端子，测量三次，测量的值都为0.46V，说明逆变电路中下臂的三个变频元器件都正常。然后将黑表笔接直流母线的正极，红表笔分别接U、V、W三个端子，测量三次，测量的值也都是0.46V，说明逆变电路上臂变频元器件都正常。

图 7-60 检测整流电路和 IPM 模块

仔细检查开关电源电路中有无烧黑、鼓包、流液、炸裂等明显损坏的元器件。经检查未发现明显损坏的元器件。

图 7-61 检查开关电源电路

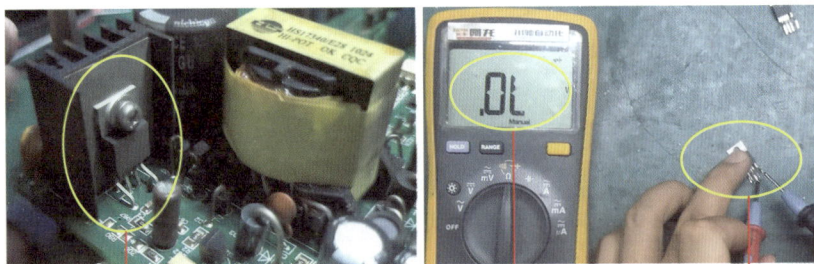

①在检查时发现此电路采用了开关管和PWM芯片集成在一体的电源管理芯片TOP255。由于此芯片发生故障的概率较高，根据维修经验，重点检查此电源管理芯片。

②为了测量准确，先用电烙铁将此芯片从电路板中拆下，将万用表调到二极管挡，红黑表笔接芯片的D脚和S脚。测量值为无穷大，说明此芯片损坏，正常应该有0.5V左右的压降。

图 7-62　测量检查 PWM 芯片

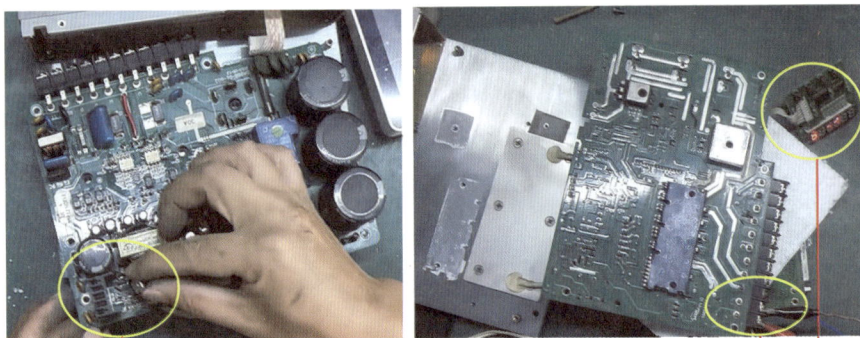

用同型号的TOP255芯片更换损坏的芯片，然后将伺服驱动器电路接上电源，开机测试，可以看到正常开机，显示屏显示正常，故障排除。之后将伺服驱动器电路板安装好，并装好外壳。然后将伺服驱动器连接电动机进行测试，可以正常控制电动机转动，伺服驱动器故障排除。

图 7-63　更换损坏元件后通电测试